Ermittlung und Beseitigung von Bauschäden

Praxisorientierte Vorgehensweisen
zur Analyse und Behebung

Autoren:

Ingrid Kaiser
Manfred Kranz

FORUM
WISSEN,
DAS ANKOMMT.

Bibliografische Information der Deutschen Bibliothek

Die Deutsche Bibliothek verzeichnet diese Publikation in der Deutschen Nationalbibliografie; detaillierte bibliografische Daten sind im Internet über http://dnb.dnb.de abrufbar.

Mandichostraße 18
86504 Merching

Telefon: +49 (0)8233 381-123
Fax: +49 (0)8233 381-222
E-Mail: service@forum-verlag.com
Internet: www.forum-verlag.com

Hinweis: Aus Gründen der besseren Lesbarkeit und Einfachheit wird in den folgenden Texten meist die männliche Form verwendet. Die verwendeten Bezeichnungen sind als geschlechtsneutral bzw. als Oberbegriffe zu interpretieren und gelten gleichermaßen für alle Geschlechter.

Titelfoto/-illustration: © AdobeStock_362130711_hanohiki
Satz: Reemers Publishing Services GmbH, 47799 Krefeld
Druck: Druckerei Joh. Walch, 86179 Augsburg
Printed in Germany

ISBN 978-3-98875-249-9 (Print-Ausgabe)

Vorwort

Wer arbeitet, macht Fehler.
Wer viel arbeitet, macht mehr Fehler.
Nur wer die Hände in den Schoß legt, macht gar keine Fehler.

Alfred Krupp, 1812–1887, Essen

Bauschäden treten trotz aller guten Planung und Umsetzung von Bauvorhaben auf. Umwelt- und Nutzungseinflüsse tragen im Laufe der Jahre ebenfalls zu Beeinflussungen der Bausubstanz bei. Hier gilt es, die entstandenen Schäden zu verifizieren und ihre Ursachen mit entsprechenden Methoden zu analysieren. Erst diese detaillierte, individuelle Gebäude-Analyse macht die Entwicklung der Schadensbeseitigung und damit der Instandsetzung möglich. Damit liegt der Schwerpunkt der gutachterlichen Analyse, Bewertung und Instandsetzungsempfehlung auf der individuellen Betrachtung des jeweiligen Gebäudes: Nur erkannte „Fehler" (im Sinne von Bauschäden) können beseitigt und weitere verhindert werden.

Insgesamt sind die Bauschaden-Beseitigungen oder mindestens -Minimierungen darauf ausgerichtet, bestehende Gebäude zu erhalten und durch die Vermeidung von Abbruch/Rückbau und Neuerrichtung vorhandene Ressourcen zu nutzen. Damit ist das vorliegende Buch nicht nur eine Arbeitshilfe zur Schaden-Beseitigung, sondern beinhaltet auch Möglichkeiten zur Bauwerkserhaltung über die durchschnittliche Lebensdauer von i. M. 80–100 Jahren hinaus.

Kapitel 1 stellt hierbei generelle Indikatoren für Bauschäden und deren Ursachen dar und gibt Hinweise auf deren Beseitigung.

In Kapitel 2 werden die Schadensbilder gem. der Bauteile analog der Gliederung der Kostengruppen in DIN 276 „Kosten im Bauwesen" unterteilt. Hier werden Lösungsansätze zur Schadensbeseitigung dargestellt bzw. Verweise zu weiteren Kapiteln des Buches gegeben.

Kapitel 3 analysiert die spezifischen Schadenseinflüsse auf die einzelnen Baustoffe hinsichtlich physikalischer, chemischer, erosions- und nutzungsbedingter Einwirkungen. Die Möglichkeiten der Instandsetzung werden detailliert anhand der Baustoff-Eigenschaften beschrieben.

In Kapitel 4 wird auf die spezifischen Anforderungen erhaltenswerter Bausubstanz und die Anforderungen an den Denkmalschutz eingegangen. Hierbei wird auf historische Bauweisen, die nicht den aktuellen, allgemein anerkannten Regeln der Technik (a. a. R. d. T.) entsprechen, eingegangen und auf Risiken bei der Instandsetzung sowie Anforderungen der Denkmalschutz-Behörden eingegangen.

Einen Ausblick auf die Zukunft gibt Kapitel 5 unter dem Aspekt von zu erwartenden, veränderten Einflüssen auf Gebäude. Gleichzeitig werden Bauweisen dargestellt, die unter Einwirkung des Nachhaltigkeitsaspekts Veränderungen ausgesetzt sind.

Damit gibt das vorliegende Buch Anleitungen zum Umgang mit und der Beseitigung von Bauschäden.

Ingrid Kaiser, Manfred Kranz,

im November 2025

Die Autoren

Ingrid Kaiser

Ingrid Kaiser studierte Architektur mit der Vertiefungsrichtung Baubetrieb an der Gesamthochschule Essen und berufsbegleitend Wirtschaftsingenieurwesen an der Hochschule Bochum und ist als freischaffende Architektin Mitglied der Architektenkammer Bremen. Sie ist Büroinhaberin des ak architekturbüro kaiser, gegründet 1993, in Sanitz b. Rostock mit Planungs- und Bauüberwachungstätigkeiten im Wohnungs-, Büro- und Industriebau sowie nach DIN EN ISO/IEC 17024 zertifizierte und BDSF-geprüfte Sachverständige für Bauschäden und Immobilien-Wertermittlung. Des Weiteren hält sie Seminare und Vorträge zu den Themenbereichen Hochbau, Projektmanagement, Immobilienwirtschaft und Facility-Management.

Kapitelzuordnung:
1.6.2
2.1.2 bis 2.1.4
2.2 bis 2.2.1.5
2.3.1 (Abdichtung von erdberührten Bauteilen)
2.3.7 bis 3.3.2

Manfred Kranz

Manfred Kranz absolvierte ein ingenieurtechnisches Studium im Bereich Bauwesen mit Spezialisierung im Fachgebiet Baustoffe sowie berufsbegleitend ein betriebswirtschaftliches Studium. Nach erfolgreichem Abschluss folgte eine mehrjährige Tätigkeit als Bauleiter im In- und Ausland und danach als Projektleiter für Industriebauvorhaben. Nach weiteren langjährigen Tätigkeiten im Bereich der Projektentwicklung und des Baustellencontrollings erfolgte im Jahr 1994 die Gründung eines Ingenieurbüros und die Übernahme von sachverständigen Aufgaben mit Schwerpunkt „Erfassung und Bewertung von Schäden an Gebäuden" sowie bereits 1990 die Mitgliedschaft im Bundesverband Freier Sachverständiger (BVFS). Ein weiteres Aufgabenfeld sind Referententätigkeiten und Beratung im Bereich Schadenserfassung und -bewertung, bauwirtschaftliche Kalkulation und Management von Bauprojekten.

Kapitelzuordnung:
1.1 bis 1.6.1
2.1.1
2.3 bis 2.3.6

Inhaltsverzeichnis

1 Fachgerechte Vorgehensweisen zur Schadensermittlung und -beseitigung

1.1 Arbeitsschritte zur Erfassung des Schadensbildes

Für die fachgerechte und ergebnisorientierte Vorgehensweise zur Bestimmung der Erfordernisse infolge der zu beseitigenden Schäden an Gebäuden und anderen Bauwerken ist es erforderlich, einige Handlungsschritte zu absolvieren.

Folgende Arbeitsschritte werden demgemäß empfohlen:

(1) Erarbeitung einer **Zielanalyse** zur Beurteilung der ggf. erforderlichen Maßnahmen und des dafür erforderlichen Arbeitsaufwands,
(2) analytische Betrachtung der Bauunterlagen: Bedingungen zum Zeitpunkt der Errichtung und zwischenzeitlich eingetretene Veränderungen infolge von Instandhaltungs- bzw. Baumaßnahmen, Störfällen und Schadensbeseitigungsmaßnahmen, in der Regel in Form einer Dokumentenanalyse; gegebenenfalls Befragungen (nachfolgend als **Bestands**- oder auch **Dokumentenanalyse** bezeichnet),
(3) **Erfassung der Schadensbilder**, im Normalfall im Rahmen einer Begehung mit integrierter Sichtprüfung und **Bestimmung der Schadensursachen**, gegebenenfalls auch Festlegung weiterer Prüfungen, wie unter anderem Festigkeits- oder Beständigkeitsuntersuchungen (nachfolgend als „**Schadensanalyse**“ bezeichnet),
(4) **Ableitung der erforderlichen Maßnahmen** zur Schadensbeseitigung und der Erfordernisse zur Qualitätssicherung,
(5) Dokumentation der Maßnahmenergebnisse durch **Aktualisierung der Bestandsdokumentation.**

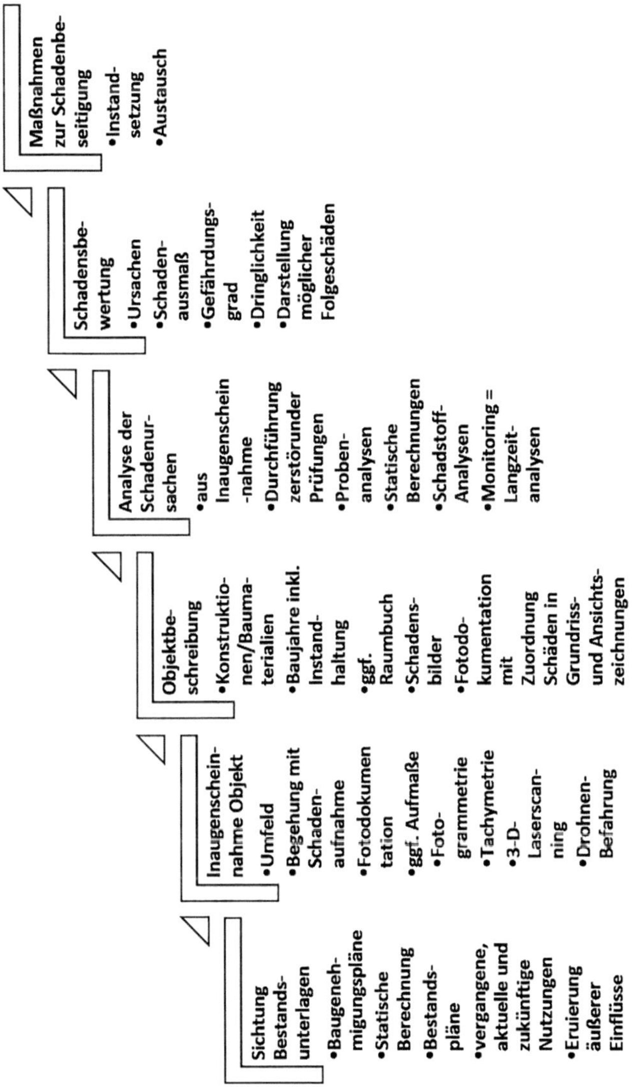

Bild 1: *Systematik der Schadenermittlung (Quelle: Ingrid Kaiser)*

1.2 Inhaltliche Unterteilung der Arbeitsschritte

An Bauwerken werden oft wichtige Bauteile bedenkenlos ausgebaut, unzulässig verändert oder ganz bzw. teilweise zerstört.

Als Grundlage für eine fachlich fundierte Vorgehensweise sind im Rahmen einer Bauzustandsserfassung und -bewertung die nachfolgend beschriebenen Arbeitsschritte anzusehen. Die inhaltliche Detaillierung dieser Arbeitsschritte gestaltet sich wie folgt beschrieben.

Die Erarbeitung der **Zielanalyse** beinhaltet zunächst die Klärung der Aufgabenstellung, die für die Bestimmung des Erarbeitungsaufwands von großer Bedeutung sind. Dabei sind die Wünsche und Vorstellungen des Eigentümers/Nutzers in Form der Fragestellungen (wie „was soll, was muss, was darf und was darf nicht geändert werden?“) zu klären.

Daraufhin ist der sich daraus ergebende Kostenrahmen zu bestimmen und die gegebenenfalls zur Verfügung stehenden finanzielle Mittel sind von Bedeutung. Des Weiteren spielen möglicherweise Forderungen der Baubehörden/des Gesetzgebers eine Rolle und sind zu beachten.

Der zweite Arbeitsschritt ist die **Bestandsanalyse** als eine Form der Dokumentenanalyse zur Bestandserfassung. Hierfür ist zunächst eine Bestimmung des Soll-Zustands (historisch, statisch-konstruktiv, bauphysikalisch, Materialkennwerte) vorzunehmen.

Dabei spielen die Dokumentation des Bauwerks hinsichtlich der Bauweise, des Baujahrs bzw. der Zeitpunkte von baulichen Veränderungen, die Lage mit den damit verbundenen Umgebungsbedingungen, eine maßliche Erfassung in Form der geometrischen Abmessungen und ggf. eines verformungsgerechten Aufmaßes sowie analysierbarer Fotodokumentationen eine wesentliche Rolle.

Dazu ist das Studium der Bauakten, bestehend aus Dokumenten über Bauabnahmen, Mängelanzeigen, Schwachstellenanalysen, aus der Auswertung von Instandhaltungsdokumenten notwendig. Darüber hinaus sind Unterlagen zu Umbauten und/oder Veränderungen des statistischen Systems heranzuziehen.

Sofern identifiziert, ist die Analyse von Planungsfehlern interessant, da sich daraus Schadensursachen ableiten lassen, auch durch Identifikation der geltenden Vorschriften aus der Erbauungszeit in Verbindung mit der Feststellung der bauphysikalischen Gebäudeeigenschaften (Wärme-, Schall-, Feuchte- und Brandschutz) und der Nutzungsbedingungen. Zur Fortschreibung der Bestandsdaten sind eingetretene Nutzungsänderungen zu untersuchen.

Dies betrifft ebenso in der Vergangenheit eingetretene Schadensfälle und deren Auswirkungen sowie die Analyse der Umweltbedingungen zum Zeitpunkt der Herstellung der Bauteile und die Art der Nutzung. Das Erkennen von Besonderheiten, wie besondere Umweltbedingungen bzw. deren Veränderung seit Nutzungsbeginn, ist ein bedeutender Bestandteil.

Erforderliche Unterlagen für die Bauzustandsuntersuchung und die Vorbereitung der baulichen Maßnahmen sind die technischen Angaben zum Bauwerk, wie Gebäudeart, Bauweise, Konstruktion, Baujahr, Standort, sowie die geometrischen Daten wie Abmessungen, räumliche Beziehungen (z. B. im Industriebau zwischen Bauwerk und Ausrüstung). Ebenso zählen dazu ausgewählte Gebrauchseigenschaften, wie Belastungsparameter, bauwerksschädigende Einflüsse, Schutzgüteeigenschaften, wie z. B. Feuerwiderstandsklassen, Brandsperren u. Ä.

Zur Identifikation eines möglichen Schadensausmaßes sind Bauzustandszeichnungen, idealerweise ein aktuelles, vollständiges, verformungsgerechtes Aufmaß sowie Daten zur Bestimmung des qualitativen Zustands in Form von Materialkennwerten, bereits erkannte und dokumentierte Bauschäden nach Schadensort, Schadensarten usw. von geschädigten Bauteilen, Bauwerksteilen (BWT) und aus den verwendeten Baustoffen nötig.

Als Ergänzung sind technisch-ökonomische Angaben aus der Bauwerksgeschichte, Nutzungsänderungen, Umbauten/Einbauten, Schäden durch Explosion, Brand, Havarien usw. zu betrachten und für die Bauschadensanalyse zu berücksichtigen. Diese betrifft auch die aktuellen standortbedingten Besonderheiten, Klima- und Witterungsfaktoren sowie besondere Beanspruchungen.

Grundlage der Gesamtbewertung des baulichen Zustands eines Bauwerks sind die Ergebnisse der Bestands- und Schadensanalyse. Ausgehend vom vorhandenen Zustand (Beschaffenheit, Tragfähigkeit, Schadensgrad) werden zunächst die einzelnen Bauteile und darauf aufbauend das Gesamtbauwerk bewertet.

Ziele der **Schadensanalyse** sind zunächst das Erfassen der Schadensbilder, darauf basierend das Ableiten der Schadensursachen, das Bestimmen von Art und Umfang der Schäden.

Weitere Schlussfolgerungen sollen das Identifizieren von Auswirkungen auf die Stand- und Funktionssicherheit sowie das Erkennen von Auswirkungen der Schäden, gegebenenfalls bezüglich von Folgeschäden und/oder Auswirkungen auf die Umwelt, das Festlegen von Dringlichkeit der Schadensbeseitigung und die Priorisierung der geschädigten Bauteile sein.

Das Ergebnis der Schadensanalyse ist es also, Auswirkungen abzuschätzen, Umfang und weitere Auswirkungen der Schäden einzuschränken, Bauschäden fachgemäß und sicher zu beheben und künftig Bauschäden zu verhindern oder zumindest einzuschränken.

Analoge Schadensanalysen können ferner notwendig werden, um die Verursacher von Bauschäden zu ermitteln, die Schuldfrage (im juristischen Sinne) zu klären, und gegebenenfalls Mängelansprüche in der Anspruchsfrist zu identifizieren (ehem. Gewährleistungsansprüche).

Aus der Schadensart und den Schadenshäufigkeiten können Schlussfolgerungen für Planung/Bauausführung und Nutzung abgeleitet und Schwachstellen erkannt werden.

Die Hauptaufgabe der Schadensanalyse besteht somit darin, objektive Daten aus Beobachtungen, Messungen, Prüfungen, Berechnungen usw. als Voraussetzung für die vorzuschlagenden baulichen Maßnahmen zu erfassen und auszuwerten.

Endpunkt der Schadensanalyse ist die Klassifizierung der festgestellten Bauschäden als Grundlage für die Bauzustandsanalyse als Gesamtzustandsbeurteilung des Gesamtbauwerks, unter Berücksichtigung nachfolgend beschriebener Gesichtspunkte (insbesondere bzgl. der Festlegung der Dringlichkeitsstufen).

Mit der Klassifizierung der Schäden wird je nach Aufgabe und Erfordernis eine Systematisierung vorgenommen.

Jeder Bauschaden hat mehrere Erscheinungsformen, die Merkmale für eine Klassifizierung sein können. Deshalb ist es möglich, dass ein Bauschaden mehreren Klassifizierungsklassen zugeordnet werden kann. Immer sind es spezifisch andere Merkmale, die die charakteristische Zuordnung bestimmen.

Aus den wahrgenommenen Erscheinungsformen sind die entscheidungswichtigen Merkmale zu benennen. Weitere Untersuchungsergebnisse und damit entscheidungsrelevante Unterscheidungen könnten sich daraus ergeben.

Verdeckte Bauschäden, d. h. Schäden, die zunächst der Sicht entzogen sind, können meist erst nach Anwendung entsprechender zerstörungsarmer oder zerstörender Untersuchungsmethoden erkannt werden; sie werden nach Schadensumfang und -häufigkeit vielfach unterschätzt.

Es gibt Bauschäden mit oder ohne Tendenz zur Ausbreitung. Eine Klassifizierung der Bauschäden in solche ohne bzw. mit Tendenz zur Ausbreitung ist wichtig für die festzulegende Rangfolge der Schadensbehebung. Damit ist ein Ranking von Bauwerken innerhalb eines Portfolios/Standorts usw. nach Schadenszustand möglich und gegebenenfalls die Verteilung eines ohnehin knappen Budgets besser zuordenbar.

Zusammenfassend ist zu resümieren, dass das Erstellen einer Bauzustandsanalyse eine Reihe der nachfolgend beschriebenen Aufgaben erfüllen kann.

Dies ist neben der Erfassung des baulichen Zustands, dem Erkennen und Erfassen von Fehlern, Mängeln und Schäden und deren Beschreibung nach Lage, Art und Umfang auch eine Aktualisierung der Bauwerksdokumentation.

Wichtig ist hierbei, folgende Kriterien zu dokumentieren:

- Art und Umfang der Schäden,
- Schädigungsgrad, Auswirkungen der Fehler, Mängel und Schäden,
- statisch-konstruktive Funktion der Bauteile (Verankerungen, Tragfähigkeit, Aussteifungen, Verbindungsmittel, Verbindungen usw.),
- Nutzungserwartungen an die Bauteile,
- technischer Zustand gegenüber Forderungen geltender Baugesetze, Vorschriften etc.

Darauf aufbauend sind zur Beurteilung des baulichen Zustands des Gesamtbauwerks die Beurteilung der Standsicherheit sowie eine daraus abgeleitete Bewertung in statisch-konstruktiver, technisch-technologischer und gestalterischer Beziehung vorzunehmen.

Des Weiteren sind Festlegungen, ob das Bauwerk instandsetzungswürdig ist oder ein Abbruch vorzuschlagen ist (Einordnung in Bauzustandsstufen), sowie unter anderem auch eine budgetorientierte Einordnung in Dringlichkeitsstufen bzw. Reihenfolge der Sanierungsarbeiten möglich und sinnvoll.

Eine Zusammenfassung dokumentiert den IST-Zustand. Die zusammenfassende Einschätzung des baulichen Zustands ist bedeutungsvoll. Schwerwiegende Bauschäden, besonders solche, die die Standsicherheit betreffen, müssen von Bagatellschäden unterschieden werden. Wichtig ist, alle Einflüsse (Einwirkungen, Ursachen) zusammenhängend zu sehen und zu werten, wie auch ergänzend statische Berechnungen, Messungen, Prüfungen, Kontrollen,

Baustoffkennwerte, Schadensgrad, Verformungen uns Umbauten zu berücksichtigen.

Bestands-, Schadens- und Bauzustandsanalysen und deren Auswertungen erfordern vom Untersuchenden umfangreiche allgemeine Kenntnisse vom Bauen sowie spezielles, fachübergreifendes Fachwissen und nicht zuletzt ausreichende Erfahrungen. Hierzu werden entsprechend befähigte Architekten, Bauingenieure und Bausachverständige benötigt.

Für spezifische Aufgaben sollten darüber hinaus Sachverständige, Vermesser (für fotografische Aufnahmen), Bauphysiker, Bauchemiker sowie Fotografen (für thermografische Aufnahmen usw.) herangezogen werden.

Auf der Grundlage der vorbeschriebenen Arbeitsschritte erfolgt die **Ableitung der erforderlichen nachhaltigen baulichen Maßnahmen zur Schadensbeseitigung, welche vorzunehmen sind.**

Zum Bestimmen und Bewerten der erforderlichen Sanierungsmaßnahmen ist eine Reihe von Bedingungen zu berücksichtigen. Dazu muss zunächst eine schadensorientierte konkrete Festlegung der Sanierungsmaßnahmen und Durchführungsabschnitte bestimmt werden.

Eine Koordinierung aller Bauabläufe geordnet nach Dringlichkeit, technischen Erfordernissen und Finanzrahmen und spezifische Festlegungen zur Bauausführung (z. B. Ursachen- und Schadensbehebung, Spezialbetriebe usw.) sind unabdingbar.

Zu beachten sind außerdem der Instandsetzungs- und Sanierungsaufwand, die Ergebnisse der zur Ausführungsentscheidung vorgenommenen Wirtschaftlichkeitsuntersuchungen und gegebenenfalls die Berücksichtigung denkmalpflegerischer Gesichtspunkte usw.

Bei der **Ausführung der Arbeiten** sind die Aufgaben- und Verantwortungsbereiche der Beteiligten im Sinne einer anforderungsgerechten Qualitätssicherung zu beachten.

Dies betrifft insbesondere die laufende Überwachung der Bauarbeiten, besonders dann, wenn es sich um schwierige Bauarbeiten (Bauabschnitte) in technischer oder handwerklicher Beziehung (z. B. Fachwerkbauten) oder um Arbeiten mit besonderen Gefahrenquellen (z. B. Abstützungen, Errichten von Dachkonstruktionen, Abbrüchen, Baustellensicherung) handelt.

Grundlage hierfür hat der ständige Soll-Ist-Vergleich zwischen Planung und Ausführung zu sein, der Austausch mit den Handwerkern, wenn Zweifel an der zuverlässigen Ausführung der Baugewerke bestehen, und das operative Handeln, da insbesondere bei Baumaßnahmen an Altbauten Überraschungen aller Art auftreten können, so z. B. werden verdeckte Bauschäden freigelegt, störende Leitungen entdeckt usw.

Oftmals ist insbesondere bei der Ausführung der Sanierungsleistungen die Durchführung eines Beweissicherungsverfahrens sinnvoll und erforderlich.

Als Beweissicherungsverfahren bezeichnet man daher alle Verfahren und Methoden zur Dokumentation der Zustände von Gebäuden, baulichen und technischen Anlagen. Dazu eignen sich alle Verfahren, wie Beobachtungen, eine einmalige, laufende oder in periodischen Zeitabständen vervollständigte fotografische Dokumentation.

Weiterführend sind Messungen in Form von geometrischen Messungen zur Beschreibung des Baustoffs und Bauteils, Feuchtigkeitsmessungen inklusive der Feststellung der umgebenden Luftfeuchtigkeit, die Bestimmung des Konzentrationsgrads von Schadstoffen bzw. des pH-Werts, Temperaturmessungen, Erfassung von Formänderungen, Durchbiegung, Rissweiten und Risslängenbestimmung.

Es ist auch üblich, Prüfungen ein- bzw. ausgebauter Baustoffe/ Bauteile in Form von Festigkeits- und Eigenschaftsprüfungen, Funktionsprüfungen, Beständigkeitskenngrößen, wie Feuer-, Witterungs- und biologische Beständigkeit, sowie Endoskopie, z. B. Untersuchungen von Holzbalkendecken und Bohrwiderstandmessung, durchzuführen.

Wichtig ist bei der Erstellung von Fotodokumentationen, Messreihen u. Ä. die Berücksichtigung zeitlicher (Tageszeit, Jahreszeit), räumlicher (Mess-/Blickpunkt und -richtung) und sachlicher (Lichteinfall, Luftfeuchtigkeit, Witterungsverhältnisse u. Ä.) Bedingungen während der Erfassung der Daten.

Aus der Bestimmung der Bauzustandsstufen erhält man z. B. ein Schadenskataster der einzelnen Bauteile. In Verbindung mit der Erfassung der Gebäudedaten über ein Gebäudeinformationssystem auf der Basis eines Raumbuchs in Verbindung mit der Dokumentation der Schadensbilder der Bau-/Konstruktionsteile lässt sich die Schadensstruktur des Gebäudes darstellen.

Das kann sowohl in tabellarischer Form als auch durch Kennzeichnung in den Grundrisszeichnungen in Verbindung mit Bilddokumentationen erfolgen.

Wichtig ist dabei die laufende Aktualisierung der Schadensakten. In den Schadensakten, die raum- oder bauteilbezogen geführt werden sollten, sind darüber hinaus die erfolgten Schadensbeseitigungsmaßnahmen zu dokumentieren.

Mit einem Gebäudebuch können alle wesentlichen Eigenschaften des Gebäudes dokumentiert werden. Das Gebäudebuch sollte folgende Mindestangaben enthalten: Gebäudeart, kurze bautechnische Beschreibung, Art der Nutzung, Abmessungen, Standort, Baujahr(e).

Von einer Fassade sind z. B. Oberflächenbeschaffenheit, Einbauten, die Gesamtfläche und die Flächenanteile der Fassadenbestandteile zu dokumentieren.

Bei Außenanlagen wären dies Art und Abmessungen ebenso wie Keller- und Geschossebenen, die Gesamtflächen nach DIN 277 verbunden mit der raumweisen Erfassung der Flächen – Boden, Wand, Decke, Öffnungen –, die technische Ausstattung nach Art und Anzahl oder Größe.

Bei Dächern sind dies die konstruktive Ausbildung, Flächen, Art und Anzahl der Einbauten und die Nutzung des darunterliegenden Dachraums. Hinsichtlich der gebäudetechnischen Anlagen sollten Art, Leistungsparameter und gegebenenfalls geometrische Abmessungen erfasst werden.

Nach Abschluss der Arbeiten wird als Bestandspflege und zur Dokumentation des Maßnahmenerfolgs die **Bestandsdokumentation in Form einer Aktualisierung** dringend empfohlen.

Dabei sind die ausgeführten Maßnahmen zu bewerten. Eventuell notwendige Nachuntersuchungen geben Aufschluss über den fachgerechten Einsatz der verwendeten Materialien, eingesetzten Technologien und der Qualität der Leistungen sowie eventuell das Erkennen von Mängelansprüchen.

Auf Basis der aktualisierten Bestandsdokumentation ist die regelmäßig (vorbeugende) Bauwerksinspektion in Verbindung mit den regelmäßigen Kontrollen des Bauwerks sowie seiner technischen Anlagen zu konzipieren, um aus der Beurteilung der Schadensentwicklung eine Analyse zu erstellen.

Darauf basierend können sinnvolle Beurteilungszyklen festgelegt werden, um Fehler, Mängel und Schäden rechtzeitig zu erkennen (z. B. Risse, Verformungen, Schimmel, feuchte Stellen, lockere Verbindungen usw.) und eine kontinuierliche Gebäudewartung im Rahmen der proaktiven Instandhaltung durchzuführen.

1.3 Methodik der Prüfungen

Begehungsdatum		01.06.24											
Schaden	Schadensumfang	Standsicherheit	Dauerhaftigkeit	Robustheit	Gefahrenklasse		Prio		Schadensbeseitigung		fällig	Bearbeitungsstand	Bemerkungen
									Beginn	Ende			
		1,4	2,2	3,1	2,5								
abc	klein	1	3	3	2,2	potenziell	3	1-4 J.	02.06.23	10.06.23	30.05.28	erledigt	
def	mittel	4	2	3	4,0	dringend	1	sofort	03.06.22		15.06.24	in Bearbeitung	
ghi	groß	4	3	3	4,0	dringend	1	sofort			15.06.24	überfällig	
jkl	mittel	1	2	4	4,0	dringend	1	sofort	03.06.22	04.10.22	15.06.24	erledigt	
mno	mittel	1	3	3	2,3	potenziell	3	1-4 J.			30.05.28		
pqr	groß	1	3	4	4,0	dringend	1	sofort	20.01.23	31.01.23	15.06.24	erledigt	
stu	klein	3	3	3	2,9	real	3	1-4 J.	02.06.23	10.06.23	30.05.28	erledigt	
vwx	mittel	1	1	3	1,7	keine	4	5-10 J			29.05.34		

Bild 1: *Beispiel für ein Schadenkataster (Quelle: Ingrid Kaiser)*

1.3.1 Zerstörungsfreie Prüfungen

Zerstörungsfreie Prüfungen beruhen grundsätzlich auf der Sichtprüfung erkennbarer Schadensbilder im Rahmen einer Begehung.

Damit sollen alle erkennbaren Unregelmäßigkeiten im Zustand eines Bauteils identifiziert werden und bei Bedarf weitergehende Prüfungserfordernisse erkannt werden. Die zerstörungsfreie Prüfung zur Zustandsbeurteilung wird üblicherweise in den Stufen Einzelbauteil – Bauteilgruppe – Bauwerk vorgenommen.

Die Beurteilung des Einzelbauwerksteils und der gebäudetechnischen Anlage u. a. wird hinsichtlich der Oberflächenbeschaffenheit, Rissbildungen, des Feuchtezustands, Ablösungen/Verformungen, mechanischer Beschädigungen, Verunreinigungen, der eingetretenen Abnutzung und ungewollter chemischer, physikalischer oder biologischer Veränderungen vorgenommen.

Darauf aufbauend folgen die Analyse der Bauteilgruppe als vergleichende Analyse aller übrigen Bauteile nach den Merkmalen des untersuchten Einzelbauteils und in der Weiterführung die Klassifizierung des Bauwerksteils/Konstruktionsteils, wie Fassade u. Ä., hinsichtlich der Beurteilung des Zustands der einzelnen Komponenten des Bauwerksteils in seinen konstruktiven Bestandteilen.

Die Bewertung des Bauwerks ist insgesamt die Klassifizierung nach der Zustandsbeurteilung seiner einzelnen Bauwerksteile.

Zur Feststellung der bauwerksbezogenen Bauzustandsstufe (Bauzustandsnote) unter Berücksichtigung der Gewichtung der Bauwerksteile als übliche Systematisierung hat sich die Bauwerksgliederung nach DIN 276 „Kosten im Bauwesen“ insbesondere auch in Hinblick auf eine spätere Kostenermittlung eingebürgert.

Als Gewichtung der Einzelbauteile kann in Ermangelung anderer Maßstäbe die Kostenstruktur des Bauwerks gegliedert nach den Kostengruppen der DIN 276 in der Regel auf der dritten Ebene bezogen auf die Gesamtkosten angesetzt werden.

Hierbei sind die instandhaltungsrelevanten Bauteile von besonderer Bedeutung und zur budgetorientierten Beurteilung abzugrenzen. Diese Bauteile werden in Abhängigkeit von den Nutzungsanforderungen und ihrer Bedeutung für die Stand- und Funktionssicherheit häufig auch als "strategische Bauteile" bezeichnet.

Sofern diese Bauteile geschädigt sind, ist der Gesamtbestand des Bauwerks gefährdet. Daher existiert hier der Begriff von K.-o.-Kriterien für das Bauwerk. Normalerweise sind auf der Basis der Ergebnisse der Sichtprüfung weitergehende Festigkeits- und Standsicherheitsuntersuchungen erforderlich.

Damit ergibt sich für das Gesamtbauwerk ein gewichteter Beurteilungsfaktor als Bauzustandsstufe. Davon abzugrenzen sind, wie bereits beschrieben, alle Bauteile insbesondere der Tragkonstruktion, die für den Bestand des Bauwerks existenziell sind, also maßgebliche Funktionen für die Stand- und Funktionssicherheit des Bauwerks haben. Sofern an diesen Bauteilen Schäden festzustellen sind, ist die Veranlassung tiefergehender Untersuchungen unumgänglich.

Dies betrifft ebenso mögliche Schäden, die als Sicherheitsrisiken, wie Sturz- und Stolperstellen, Vorhandensein von Gefahrstoffen (Gebäudeschadstoffen), wie Bleimennige im Korrosionsschutz, PAK, KMF, Holzschutzmittel, sowie nicht ordnungsgemäß ausgeführte Brandschottungen u. Ä. einzustufen sind.

Mittels Thermografie können Wärmebrücken per Infrarot-Kamera ermittelt und die besonders gefährdeten Stellen innerhalb der Gebäudekonstruktion aufgezeigt werden. Da feuchte Stellen die Wärme wesentlich besser leiten als trockene, können so u. U. auch Leckagen erkannt werden.

Bei der Untersuchung von Warmwasser führenden Leitungen können diese vorübergehend an das Kaltwassernetz angeschlossen werden bzw. umgekehrt, je nachdem ob sich die Leitungen im warmen oder kalten Bereich der Konstruktion befinden.

Mit dem Blower-Door-Test wird die Luftdichtheit der Außenhülle des Gebäudes überprüft, d. h. in Verbindung mit dem Einsatz von künstlichem Rauch können, ergänzend zur Thermografie, undichte Stellen, durch die möglicherweise Feuchtigkeit eindringen kann, analysiert werden.

Zur Ermittlung von Leckagen an Installationsleitungen werden diese entweder mit Wasser oder mit Druckluft abschnittsweise abgedrückt, das heißt, der erzeugte Druck wird mit einem Manometer überprüft. Hierzu wird in der Regel ein Prüfdruck von 110 mbar aufgebaut.

Um auch kleinere Undichtheiten aufspüren zu können, muss die Prüfzeit bei 100 l Leitungsvolumen mindestens 30 Minuten, je weitere 100 l jeweils zusätzlich 10 Minuten betragen. An der Heizungsanlage gibt das Druckmanometer durch Druckabfall bereits erste Auskunft über mögliche Leckagen.

Boden- und Kontaktmikrofone kommen bei gut Schallwellen leitenden Materialien (Metall, nicht bei Kunststoff) zum Einsatz: Die an Leckagen entstehenden Geräusche breiten sich zu beiden Seiten aus.

Beim Korrelationsverfahren wird mit zwei Mikrofonen, rechts und links bzw. oberhalb und unterhalb der vermuteten Undichtheit angebracht, gearbeitet und die Laufzeit des Schalls bis zum jeweiligen Mikrofon gemessen. So kann die Leckstelle zunehmend weiter eingegrenzt werden. Dieses Verfahren kann für erdverlegte Leitungen und bei Wand- und Bodenschächten eingesetzt werden.

Bei sehr kleinen Leckstellen entsteht keine Geräuschentwicklung, sodass nicht mit Mikrofonen gearbeitet werden kann, ebenso wie bei schlecht Schallwellen leitenden Materialien.

Nach Entleerung des Leitungssystems und Einblasen eines Gasgemischs (z. B. Stickstoff mit 5 % Wasserstoff) kann die Messung des Gasaustritts mit Detektoren erfolgen. Besonders bei Flachdächern und nicht metallischen Leitungen sind mit dieser Methode verlässliche Ergebnisse erzielbar.

Da gerade Flachdächer erhöhten Wasserlasten ausgesetzt sind und die Austrittsstellen oft weit von den verursachenden Stellen auftreten, wird hierbei das Flachdach unter Wasser gesetzt und ein elektrischer Impuls an der Austrittsstelle unterhalb der Dachkonstruktion gegeben.

Da Wasser Strom leitend ist, kann mittels zweier auf der Dachfläche positionierter Sonden der Widerstand gemessen werden und so, vergleichbar mit dem Korrelationsverfahren mittels Mikrofon, die Leckstelle immer weiter eingegrenzt werden.

Durch die Rauchgasprobe können Undichtheiten festgestellt werden. Sie erfolgt durch Einblasen von Rauch, der durch eine Nebelmaschine erzeugt und durch Seitenkanalverdichter, die Luft und Gase verdichten, in Hohlräume eingeblasen wird. Die Austrittsstelle des vernebelten Gases gibt die Stelle der Undichtheit, z. B. bei Flachdächern, Böden oder in Dämmschichten, an.

Bei vorhandenen Rissen werden klassisch Rissmarken, ggf. in Verbindung mit Rissmonitoren, gesetzt und mit Datum versehen eingesetzt. Hierdurch kann zum einen die Rissbreiten-Änderung, zum anderen ggf. ein Stillstand dieser abgelesen werden.

Zur Prüfung der Carbonatisierung von Beton kann durch Aufbringen einer Phenolphthalein-Lösung auf vorhandene Fehlstellen (Ausbrüche u. Ä.) durch die jeweilige Verfärbung (bis ca. 8,2 farblos, zwischen ca. 8,2 und 14 rötlich-violett, darüber wieder farblos) der vorhandene pH-Wert festgestellt werden. Liegt dieser unter 9, muss die Alkalität = Schutz der Bewehrung vor Korrosion infrage gestellt und entsprechende Beton-Instandsetzungsmaßnahmen müssen vorgenommen werden.

1.3.2 Zerstörungsarme Prüfungen

Zerstörungsarme Prüfungen sind im Allgemeinen weitergehende Untersuchungen im Ergebnis der Sichtprüfung.

Dies sind zum Beispiel Prüfungen zur Feuchtebestimmung von Bauteilen mittels Sensorik, endoskopische Untersuchungen der Sicht entzogener Bauteile in Hohlräumen oder mehrschichtigen Bauteilen oder auch die Festigkeitsbestimmung von Betonbauteilen mittels Betonhammer (Betonprüfhammer nach dem Prinzip von Schmidt).

Feuchte-Messgeräte sind mit unterschiedlichen Mess-Möglichkeiten auf dem Markt. Einfache Geräte messen die Feuchte der Bauteil-Oberfläche, anspruchsvollere Geräte auch die Temperaturen (Umgebung, Bauteil-Oberfläche), relative Luftfeuchtigkeit und Luft-/Windbewegungen. Häufig bieten diese die Möglichkeit, die Mess-Ergebnisse über längere Zeiträume aufzuzeichnen und am PC auszuwerten.

Bei der Endoskopie kann mit ca. 10 mm großen Kernbohrungen in Wand oder Boden die betroffene Stelle in den tiefer liegenden, nicht sichtbaren Schichten analysiert werden. Daher wird das Verfahren meist bei Hohlräumen innerhalb der Konstruktion und bei Wand- und Bodenschächten eingesetzt. Zur weiteren Analyse und Auswertung können die Endoskope mit Lupen, Foto- oder Video-Kameras kombiniert werden. Zerstörungsfrei ist der Einsatz bei vorhandenen Bauteil-Öffnungen möglich.

Der bereits in den 1950er-Jahren erfundene Schmidt-Hammer oder Schweizer Hammer ist ein Rückprall-Hammer mit unterschiedlicher Schlagenergie von 0,7 bis 29 Nm, der mittels des Rückpralls beim Aufschlagen auf eine Oberfläche Festigkeit und Elastizität der Probe (meist Beton, teilweise Gesteine) prüft. Berücksichtigt werden muss der Feuchtegehalt der Probe, die Richtung des Einsatzes (nach oben bei Decken, nach unten bei Böden etc.) und der Einsatz rechtwinklig zur Bauteil-Oberfläche.

1.3.3 Zerstörende Prüfungen

Zerstörende Prüfungen verbunden mit Probennahmen und die nachgehenden Laboruntersuchungen sind im Wesentlichen als ergänzende Untersuchung von Bedeutung, vor allem wenn es um Probleme der Festigkeit und Beständigkeit von Bauteilen, insbesondere hinsichtlich der Standsicherheit, geht.

Dies betrifft ebenso die Ermittlung von Eigenschaften von porösen Baustoffen im Feuchteschutz, wie die Bestimmung des Porenvolumens (zum Beispiel durch die Darr-Methode) oder deren Saugfähigkeit zur Feststellung des möglichst sinnvollen Injektionsverfahrens.

Durch die Prüfung von Teilen von Bauteilen, wie Bohrkernen, wird zum Beispiel auch der Carbonatisierungsfortschritt bestimmt, um damit die Beständigkeit der Betonschicht im Stahlbeton zu ermitteln.

Bohrkerne mit einem durchschnittlichen Durchmesser von 50 mm werden in der Regel zur Prüfung der Druckfestigkeit im Labor genutzt. Um die chemische Zusammensetzung von mineralischen Baustoffen zu prüfen, können mittels Bohrern Bohrmehl-Proben entnommen und im Labor analysiert werden.

1.4 Einstufung der Schadensschwere

1.4.1 Grundsätze der Schadensbewertung

Bei der Beurteilung der festgestellten Schäden kommt es zunächst auf die Einstufung nach Bedeutung der Bauteile für den Bestand des Bauwerks an.

Es ist zu unterscheiden zwischen

- Bauteilen mit wesentlicher Bedeutung für die Funktion sowie die Standsicherheit und die Nutzungsfähigkeit des Bauwerks,
- strategischen Bauteilen, welche instandhaltungsrelevant sind und damit wesentlich die Nutzungsfähigkeit beeinflussen,
- sonstigen Bauteilen, für welche lediglich Schönheitsreparaturen notwendig werden und die keine wesentliche Funktionsrelevanz besitzen.

Bezüglich der Begrifflichkeiten haben sich in der Schadenstheorie folgende Terminologien eingebürgert.

Schadensbilder sind die sichtbare Form des augenscheinlichen Erscheinungsbildes eines Schadens.

Fehler sind unzulässige Abweichungen von in der Regel normativ vorgeschriebenen oder vertraglich vereinbarten Forderungen bzw. Eigenschaften (juristisch „Beschaffenheit") und ihren Toleranzräumen (z. B. Normen, Rechtsvorschriften, Planungs- und Projektierungsgrundlagen, allgemein anerkannte Regeln der Technik).

Mängel sind das Ergebnis von Fehlern und stellen nicht erfüllte vorgeschriebene oder vereinbarte Forderungen bzw. Eigenschaften des Leistungsgegenstands dar.

Die Folgen können die Gebrauchsfähigkeit mindern bzw. die Nutzungsfähigkeit beeinträchtigen. Der Begriff „Mangel“ wird in der Fachliteratur auch formuliert als

„Umstand, der zur Folge hat, dass das Ziel nur nach Überwindung von Behinderungen oder nur eingeschränkt erreicht werden und dessen Auswirkungen zu Schäden führen kann“.

In der juristischen Literatur wird primär von einem Mangel gesprochen (wie z. B. Sachmangel, Mangelhaftigkeit, wesentlicher Mangel, verdeckter Mangel ...).

Des Weiteren wird in der Bauwirtschaft nach wesentlichen und unwesentlichen Mängeln unterschieden. Hier soll jedoch lediglich auf die technischen Sachverhalte Bezug genommen werden.

Die Tatsache, dass ein Wert vermindert oder ein Bauteil untauglich oder Teile davon als Folge eines Mangels nicht funktionstüchtig sind, stellt erst einen Schaden dar.

Bezüglich der Mangelhaftigkeit sind noch sogenannte „hinzunehmende Unregelmäßigkeiten“ und optische Mängel zu unterscheiden. Dies betrifft allerdings lediglich die Abnahmefähigkeit einer Baumaßnahme.

Technisch gesehen können diese Unregelmäßigkeiten durchaus auch Schadensursachen darstellen, da sie zwar i. d. R. innerhalb normativ geregelter zulässiger Toleranzen liegen, aber durchaus schadensursächlich sein können.

Eine Beurteilung kann ergeben, dass die kritisierten Unregelmäßigkeiten die vertraglich festgelegten Grenzwerte bzw. die als allgemein anerkannte Regel der Bautechnik einzustufenden Grenzwerte nicht überschreiten.

Der kritisierte Sachverhalt liegt dann noch im Rahmen des vertraglich zu Erwartenden bzw. des bei Werken gleicher Art Üblichen.

Bei welchen Grenzfällen man von einer „noch gerade akzeptablen" Werkleistung sprechen kann, hängt dabei von den Rahmenbedingungen des Einzelfalls ab. Kommt man zu einem solchen Beurteilungsergebnis, so liegt kein Mangel vor; die Unregelmäßigkeiten müssen dann als unvermeidbar und üblich hingenommen werden.

Dies gilt grundsätzlich unabhängig vom Bauzeitabschnitt; vor und nach der Abnahme ist prinzipiell gleich zu verfahren.

Bei optischen Beeinträchtigungen geht es um die Frage, welche Störwirkung Farbabweichung, Verschmutzung, Unebenheiten, kleinere Beschädigungen usw. auf einen Betrachter haben.

Es gilt als Grundsatz, dass derartige Beeinträchtigungen unter gebrauchsüblichen Bedingungen zu beurteilen sind, d. h., die Beurteilung erfolgt aus einem Betrachtungsabstand und z. B. unter Beleuchtungsbedingungen, die bei der späteren Nutzung üblich sind.

Der rechtliche Grundsatz zur Beurteilung wurde mit dem „Magenta-Urteil" geprägt.

Beispiele:

Unregelmäßigkeiten in der Vermauerung einer Ziegelverblendschale im 2. OG eines Hauses sind nicht vom Gerüst oder Hubwagen aus, sondern aus der Position eines von der Straße aus die Fassade betrachtenden Passanten, gegebenenfalls auch noch aus der Position eines Hausbewohners (z. B. auf dem Balkon stehend), zu beurteilen.

Die Textur mancher Oberflächen vor allem bei Fassaden ist auf die Wirkung aus größerer Entfernung angelegt:

So können z. B. die Farbunterschiede der Einzelsteine von „buntem" Ziegel-Verblendmauerwerk aus der Position eines unmittelbar vor der Fassade stehenden Passanten als „störend" empfunden werden, während sich aus größerer Entfernung das gewünschte, lebhafte, aber doch einheitliche Erscheinungsbild ergibt. Solche

Oberflächen sind also nicht aus jeder beliebigen, möglichen „gebrauchsüblichen" Betrachtungsposition zu beurteilen.

Bauschäden sind u. A. Auswirkungen von Baumängeln oder Nutzungsfehlern, nicht erfüllten vorgeschriebenen oder vereinbarten Forderungen bzw. Eigenschaften, die die Stand- und/oder Tragsicherheit bzw. die Funktionssicherheit innerhalb der normativen Nutzungsdauer beeinträchtigen.

Demzufolge umfasst dies alle unbeabsichtigten Veränderungen an Bauwerken, die während ihrer Herstellung und Nutzung eintreten.

Nutzungs- und Abnutzungsschäden sind Auswirkungen der Abnutzung an Bauteilen, Bauelementen, Bauwerksteilen und Bauwerken, die ebenfalls die Stand- und/oder Tragsicherheit bzw. die Funktionssicherheit beeinträchtigen können.

Das Studium der Literatur ergibt, dass der Begriff „Bauschaden" außerordentlich unterschiedlich definiert wird.

Die größten Unterschiede bestehen wiederum zwischen der Definition aus technischer bzw. juristischer Sicht.

Der Techniker sieht vorrangig die veränderten Eigenschaften, die die Stand- und Funktionssicherheit beeinträchtigen, der Jurist sieht die Verminderung des Wertes des Bauwerks oder Bauteils und die damit verbundenen Rechtsfolgen.

Allgemein erscheint es zweckmäßig, Baumängel und Bauschäden anhand der Ziele, die verfolgt werden, zu vergleichen.

Die **Standsicherheit** eines Bauwerks bedeutet, dass alle tragenden Bauteile so bemessen sind, dass sie die ihnen zugedachten Aufgaben mit Sicherheit, d. h. mit genügend kleiner Wahrscheinlichkeit des Versagens, erfüllen. Die Standsicherheit muss sowohl während der Errichtung des Bauwerks als auch bei Änderungen (Baureparaturen, Umbauten usw.) und Abbruch (Demontage), d. h. in jeder Phase gesichert sein.

Die Begriffe „Sicherheit" und „Gefahr" bilden ein Gegensatzpaar, d. h., wo Gefahren drohen, gibt es für die dort anwesenden Menschen keine Sicherheit.

Sicherheit bedeutet demnach immer die Abwesenheit von Gefahr. Sicherheit ist der Maßstab der Technik. Je höher die Sicherheitsforderungen gestellt werden, umso teurer und aufwendiger wird das Bauwerk. Andererseits geht es bei Forderungen nach Wirtschaftlichkeit, das heißt Verbilligung immer zulasten und auf Kosten der Sicherheit.

Die **Funktionssicherheit**, die Standsicherheit des Bauwerks eingeschlossen, gewährleistet die geplante Nutzung einer standsicheren Konstruktion bzw. eines Bauwerks für den vorgesehenen Verwendungszweck unter Einbeziehung der Größe, der Lage, der Raumfolge, der Zuordnung von Flächen in Verbindung mit der ungestörten Inanspruchnahme der technologischen Einrichtungen sowie der Anlagen zur Beleuchtung, Belüftung, Ver- und Entsorgung.

Gefährdungen (Gefahren) liegen dann vor, wenn in einem betrachteten Zustand die Möglichkeit des Eintretens nicht gewollter Folgezustände besteht, die durch die Herstellung, Umwelteinwirkungen oder andere nicht vorherzusehende Ereignisse hervorgerufen werden und zur Beeinträchtigung der Stand- und Nutzungsfähigkeit führen können.

Gefährdungen führen also zu Gefahrenzuständen, die bei großen Abweichungen bis zur akuten Gefahr (ein plötzlicher Bruch oder Einsturz ist mit hoher Wahrscheinlichkeit zu erwarten) gehen können.

Sorgfalt ist die Verpflichtung innerhalb gegebener Umstände, entsprechend dem allgemeinen Stand der Bautechnik vernünftig und gewissenhaft zu handeln (zu arbeiten). Der Begriff „Sorgfalt" wird im Zusammenhang mit Schäden bzw. Qualitätssicherung gebraucht, wenn festgestellt werden soll, ob jemand eine Handlung oder ein Ereignis bewirkt hat, die bzw. das zu einem Schaden führte oder mit der Qualität eines Erzeugnisses zu tun hat.

Sorgfalt ist, sofern sich dies nicht aus Gesetzen oder vertraglichen Vereinbarungen ergibt, ein Begriff, der von subjektiven Erfahrungen und Urteilen abhängig ist.

Zwischen den einzelnen Elementen „Fehler = Schadensursache" „Mangel in technischer Hinsicht" und „Bauschaden" bestehen kausale Zusammenhänge. Diese gilt es, im Rahmen der Schadensanalyse aufzudecken.

Dabei sollte mit dem Irrglauben, alte Gebäude sind immer schlecht und grundsätzlich in höchstem Maße „schadensanfällig" (!), aufgeräumt werden. Dies zeigen u. a. diese Kausalketten und es entspricht der Erfahrung der Autoren aus zahlreichen Schadensbegutachtungen.

Sinn, Zweck und Nutzen der Beschreibung und Auswertung von Bauschäden liegen darin, nicht nur Wissen zu vermitteln, sondern das Bewusstsein zu schärfen für das gesetzmäßige Verhalten der Baustoffe im beanspruchten Konstruktionsgefüge.

Bauschäden entstehen nicht zufällig, sondern gesetzmäßig. Folglich muss man das gesetzmäßige Verhalten der Baustoffe und der damit errichteten Gebäude kennen, um sie zu vermeiden.

Betrachtungsaspekte: Fehler, Mängel und Schäden an Bauwerken können unter verschiedenen Aspekten betrachtet werden, z. B. als volkswirtschaftlicher bzw. ökonomischer Verlust, Kosten, aus technischer Sicht Schadensursachen, Sicherungs- und bauliche Maßnahmen zur Schadensbehebung.

Rechtlich betrachtet sind dies Verursacher, Haftung, Verjährung. Schadensanfälligkeit und -bedeutung.

Die Anzahl der Schadensfälle allein lässt nicht immer den direkten Schluss darüber zu, ob ein Bauteil schadensanfälliger ist als ein anderes, solange nicht der Umfang und die Häufigkeit des Vorkommens der einzelnen Bauteile berücksichtigt werden.

Bei der Schadensbeurteilung sind folgende kausale Zusammenhänge der Bauschäden mit folgenden Gesichtspunkten zu beachten:

Bauwerkserhaltung

Zwischen der Bauwerkserhaltung/Instandhaltung im Sinne der Begriffsbestimmung des Normenwerks (DIN 31051) und dem Entstehen von Bauschäden besteht ein erkennbarer Zusammenhang. Bauschäden mit Tendenz zur Ausbreitung, die nicht umgehend behoben werden, wachsen im Allgemeinen nicht linear mit der Zeit, sondern progressiv an.

Je später ein Bauschaden behoben wird, desto größer ist der erforderliche Arbeits-, Kosten- und Energieaufwand und umso notwendiger wird es, spezialisierte bautechnologische Kapazitäten einzusetzen.

Die laufende vorbeugende Instandhaltung ist die wichtigste und wirtschaftlichste Methode. Hauptforderung der Instandhaltung ist, kleine Schäden bzw. Mängel rechtzeitig zu erkennen und zu beheben, um große Auswirkungen (Folgeschäden) zu verhindern.

Beispiel

Undichtigkeiten am Dachfuß, wo das gesamte Regenwasser des Dachs zusammenläuft, bewirken die Durchfeuchtung. Anfangs treten Putzschäden auf, später sind häufig die Balkenauflager, Sparrenfüße und Aufschieblinge vollkommen zerstört.

In extremen Fällen ist die Dachkonstruktion nicht mehr instandsetzungswürdig.

Abhilfe: Kontrollen und rechtzeitige Instandsetzung.

Baualter (s. Kap. 2.5)

Bauschäden treten nicht gleichmäßig verteilt über die Standzeit eines Gebäudes hinweg auf. Für das wahrscheinliche Auftreten von Bauschäden bestehen abhängig vom Baualter bestimmte Beziehungen. Die Wahrscheinlichkeit, dass Bauschäden auftreten, ist zu Beginn und am Ende der Nutzungsdauer am größten. Mit zunehmender Nutzungsdauer nehmen die Kosten für die Schadensbehebung im Allgemeinen zu. Anfangsschäden sind in der Regel Planungs- und/oder Ausführungsschäden. Sie sind am ehesten vermeidbar. Alterungsschäden können durch Wahl höherer Qualitätsstandards (bessere Materialien und fehlerfreie Ausführung) mit höheren Investitionskosten und systematischer Instandhaltung positiv beeinflusst werden. Zwischen beiden Schäden besteht aber ein erheblicher gradueller Unterschied. Erfahrungsgemäß treten bis 5 Jahre nach der Fertigstellung des Bauwerks die ersten (meist kleineren) Schäden auf. Sie erfordern Instandsetzungsarbeiten, die nach längerer Nutzungsdauer in der Regel aufwendiger werden.

Gebäudegröße

Zwischen Gebäudegröße und den Bauschäden besteht ein nahezu logarithmischer Zusammenhang. Große und wellig gegliederte Baukörper sind günstig und meistens instandhaltungsarm. Demgegenüber sind feingliedrige und stark strukturierte Konstruktionen am störanfälligsten.

Baustoffe

Die genaue Kenntnis der Baustoffe mit ihren Eigenschaften und Lieferformen (Güteeigenschaften) sind eine unerlässliche Voraussetzung für den Erfolg der Arbeit. Ohne diese Kenntnisse kann keine Bauaufgabe technisch und wirtschaftlich einwandfrei gelöst werden. Fehler bei der Materialauswahl und der Be- und Verarbeitung führen oft zu erheblichen wirtschaftlichen Verlusten an Baustoffen, Kosten und Arbeitsaufwand. Mängel und Bauschäden treten selten als alleinige Folge von Planungsfehlern auf. Das ist darauf zurückzuführen, dass im Vorschriftenwerk für die Konstruktion und Bemessung von Konstruktionen weitgehende Festlegungen enthalten sind, deren Einhaltung geprüft und auf der Baustelle überwacht wird. Häufiger ist das Entstehen von Bauschäden infolge unsachgemäßer Verarbeitung oder unverträglicher Kombination von Baustoffen.

Baustoffausnutzung

Verfeinerte Berechnungsmethoden und gesteigerte Baustoffausnutzung führen zu immer mehr feingliedrigen Konstruktionen, die gegenüber Verformungen, Rissen, Unregelmäßigkeiten usw. wesentlich empfindlicher sind als die traditionellen Bauweisen.

Grundlage jeder Planung von Baumaßnahmen auf dem Gebiet der Bauwerkserhaltung ist eine exakte Bauzustandserfassung (Bestandsdokumentation). Dabei reichen visuelle Erfassungen und darauf basierende verbale Beurteilungen grundsätzlich nicht aus, stellen aber einen notwendigen ersten Arbeitsschritt dar.

Die Frage nach der weiteren Verwendung der Bausubstanz kann nur beantwortet werden durch gesicherte Kenntnisse über den derzeitigen baulichen Zustand sowie über das wahrscheinliche künftige Verhalten der Baukonstruktionen.

Andere Funktionen oder Nutzungen, veränderte statische und bauphysikalische Anforderungen an die vorhandenen Konstruktionen erfordern eine objektive Beurteilung des tatsächlichen baulichen Zustands, die eine wissenschaftlich begründete Entscheidung über die baulichen Maßnahmen hinsichtlich Instandhaltung, Umnutzung bei Nutzerwechsel, teilweisem oder vollständigem Abbruch ermöglichen.

Die vorhandene Bausubstanz stellt einen großen volkswirtschaftlichen und auch privaten Wert dar, der langfristig zu erhalten und zu nutzen ist.

Bauliche Erhaltungsmaßnahmen müssen vorhandene Fehler, Mängel und Bauschäden einschließlich ihrer Ursachen dauerhaft beheben und neuen Bauwerksschädigungen vorbeugen. Weiter ist zu bedenken, dass die Bauwerke aus unterschiedlichen Bauteilen und Bauelementen, Baustoffen und Bauweisen nach Stilepochen errichtet wurden. Somit sind sie nach Baualter, Bauzustand, Nutzung und Beanspruchung verschieden zu beurteilen.

1.4.2 Schadensausmaß

Für die Bemessung des Schadensausmaßes sind sowohl die physikalischen Bemessungsgrößen, m^2, m^3, Stück usw., als auch die Einschätzung des prozentualen Ausmaßes der Schadensausbreitung gebräuchlich.

Des Weiteren werden die Schadensanteile bei der Einstufung in die Zustandsstufen benutzt. Beispielhaft erfolgt die Darstellung eines 4-stufigen Beurteilungsrasters, gebräuchlich sind auch 5-stufige Bewertungen.

Tabelle 1: *Mit dem Abnutzungsgrad wird der Anteil der Schädigung eines Bauteils angegeben. (Manfred Kranz)*

Zustandsstufe	Zustandsmerkmale	Abnutzungsgrad
1	**Guter Erhaltungszustand** • Funktionsfähigkeit entsprechend projektierter Parameter • unbedeutende Mängel • Beseitigung im Rahmen der Wartung (Kleinreparatur) möglich	0 % bis 5 %
2	**Mittlerer Erhaltungszustand** • Funktionsfähigkeit mit geringer Toleranzüberschreitung • geringe Mängel • Folgeschäden absehbar • Beseitigung im Rahmen der Kleininstandsetzung möglich	6 % bis 25 %

Tabelle 1: *Mit dem Abnutzungsgrad wird der Anteil der Schädigung eines Bauteils angegeben. (Manfred Kranz)*

Zustands-stufe	Zustandsmerkmale	Abnutzungsgrad
3	**Schlechter Erhaltungszustand** • Funktionsfähigkeit zum Teil stark eingeschränkt • wesentliche, zum Teil schwerwiegende Mängel • Folgeschäden bereits eingetreten • Beseitigung im Rahmen der Instandsetzung noch möglich	26 % bis 50 %
4	**Unbrauchbar** • Funktionsfähigkeit nicht mehr gewährleistet • umfangreiche Folgeschäden bereits eingetreten • Bauteil-/Anlagenteilersatz notwendig	Über 50 %

1.4.3 Gefährdungspotenzial

Die Einstufung des Gefährdungspotenzials wird üblicherweise hinsichtlich möglicher Folgeschäden, insbesondere, wenn die Schadensursachen nicht beseitigbar sind oder nicht beseitigt wurden, was aus technischen, wirtschaftlichen und gegebenenfalls aus äußeren Umweltbedingungen entstehen kann, bei Gebäuden von Unternehmen, die unter die Störfallverordnung fallen, bei einer Einstufung in die Schadensfolgeklasse i. S. d. VDI 6022, vorzunehmen sein.

1.4.4 Dringlichkeit

Mit der Beurteilung der Schadensursachen/Fehler wird daraus die Priorisierung des Handelns in Form von Dringlichkeitsstufen abgeleitet.

Dies bedeutet beispielhaft Folgendes:

Tabelle 2: *Zustandsbenotung eines Gebäudes anhand der Zustandsmerkmale. (Manfred Kranz)*

Dringlichkeitsstufe	Zustandsmerkmale	Zustandsstufe	Abnutzungsgrad	Zustandsnote
1	**Baulicher Gefahrenzustand** • Schäden an der Tragkonstruktion/ Hauptteilen von Anlagen • Funktionsfähigkeit nicht mehr gewährleistet • hohes Sicherheits- und Gesundheitsrisiko	4	Über 50 %	4,0
	Gefährdung wesentlicher Bauwerks-/ Anlagenteile			
2	• wesentliche, schwerwiegende Mängel an Bauwerk und Anlagen • Funktionsfähigkeit zum Teil stark eingeschränkt • Folgeschäden bereits eingetreten • dringender Handlungsbedarf	3	26 % bis 50 %	3,9 bis 3,0

Tabelle 2: *Zustandsbenotung eines Gebäudes anhand der Zustandsmerkmale. (Manfred Kranz)*

Dringlichkeitsstufe	Zustandsmerkmale	Zustandsstufe	Abnutzungsgrad	Zustandsnote
3	**Beginnende Schadensentwicklung** • Mängel und Schadensentwicklung im Anfangsstadium • Folgeschäden absehbar • Festlegung von Maßnahmen nach Beobachtung der Entwicklung • Beseitigung im Rahmen der Kleininstandsetzung möglich	2	6 % bis 25 %	2,9 bis 2,0
4	**Normaler Zustand** • unwesentliche Mängel und Schäden an Bauwerk und Anlagen • keine Folgeschäden erkennbar • Schadensentwicklung im Rahmen der Inspektion beachten	1	0 % bis 5 %	1,9 bis 1,0

1.5 Ermittlung der Schadensursachen

Die Ermittlung der Schadensursachen basiert auf den Ergebnissen der Analyse der Bestandsdokumentation, der Sichtprüfung im Rahmen der Begehung des Untersuchungsobjekts, ggf. auf den Ergebnissen notwendiger zerstörungsarmer bzw. zerstörender Prüfungen und der bautechnischen Bewertung der Schadensbilder.

1.6 Ableitung der Maßnahmen zur Schadensbeseitigung

1.6.1 Handlungsempfehlungen zur Maßnahmenkonzeption

Auf der Grundlage der Einstufungen in die Dringlichkeitsstufen können Standards für das Maßnahmenkonzept abgeleitet werden, wie z. B.

Zustandsnote 4,0 (sehr schlechter Zustand)

Instandsetzung sofort bis kurzfristig zwingend erforderlich.

Zustandsnote 3,0 bis 3,9 (schlechter Zustand)

Instandsetzung als Alternative zur Verkürzung der Wartungszyklen erforderlich und Inspektions- und Wartungszyklen entsprechend der Schadensentwicklung zwingend verkürzen.

Zustandsnote 2,0 bis 2,9 (mittlerer Zustand)

Kleine Instandsetzungen empfohlen, besonders bei absehbaren Folgeschäden,

Wartungszyklen grundsätzlich noch beibehalten; bei absehbaren Folgeschäden verkürzen,

Inspektionszyklen verkürzen.

Zustandsnote 1,0 bis 1,9 (guter Zustand)

Inspektions- und Wartungszyklen der Entwicklungsgeschwindigkeit der Schäden anpassen, gegebenenfalls zeitweiliges Verlängern der Zyklen.

1.6.2 Maßnahmen zur Qualitätssicherung

Die Kernaufgaben sind in Bauprojekten und damit auch bei der Schadensbeseitigung:

- **Qualität**
- Kosten
- Termine

Damit sind die Eckpunkte und folglich die Kernaufgaben von Maßnahmen definiert, wie im „Magischen Dreieck“ dargestellt:

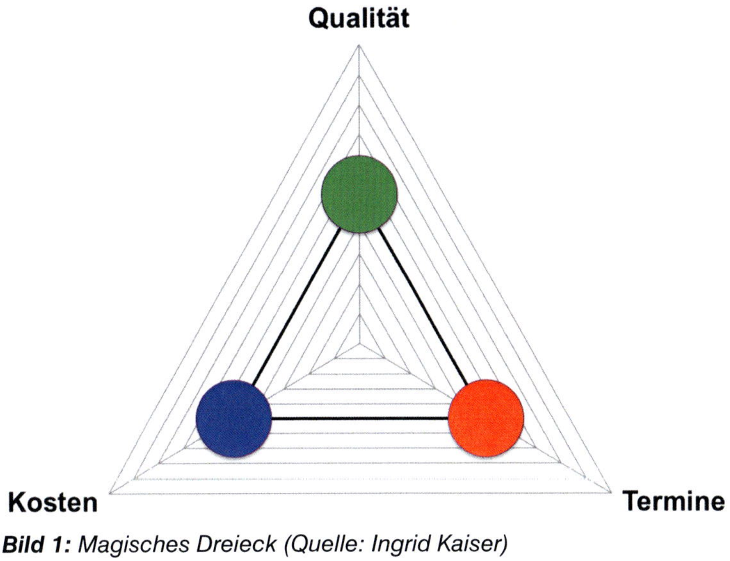

***Bild 1:** Magisches Dreieck (Quelle: Ingrid Kaiser)*

Jede Veränderung einer dieser drei Variablen bedingt die Verschiebung mindestens einer der beiden anderen. Wird der Qualitätsstandard erhöht, erhöhen sich die Kosten und/oder die Ausführungsfristen verlängern sich. Werden die Termine verkürzt, verringert sich der Qualitätsstandard und/oder die Kosten steigen. Werden die Kosten reduziert, verringert sich ebenfalls der Qualitätsstandard und/oder die Termine verlängern sich.

Qualität wird im Allgemeinen als das Übereinstimmen von Leistungen mit den Anforderungen definiert; letztere ergeben sich aus dem Anspruch an ein schadenfreies Bauwerk und denen der Auftraggeber. Da es sich bei Schadensbeseitigungen immer um Baumaßnahmen an bestehenden Bauten handelt, sind häufig keine ausreichenden Bestandsunterlagen vorhanden. Aus diesem Grund ist zur Qualitätssicherung eine Risiko-Analyse unabdingbar, um den Erfolg innerhalb der Erfordernisse – Qualität, Kosten, Termine – zu erreichen.

Die Sicherung der Qualität wird vorrangig durch die Dokumentation der verwendeten Baustoffe und Bauverfahren gewährleistet und sichert für die Zukunft eine Basis für weitere Maßnahmen. Zur Dokumentation gehören zusätzlich Messverfahren und -ergebnisse für ein unter Umständen erforderliches Monitoring der eingesetzten Maßnahmen.

Auch der Prozess der Maßnahmenumsetzung beeinflusst die Qualität der Ergebnisse. Je reibungsloser der Ablauf, desto besser ist üblicherweise die Qualität der Schadensbeseitigung. Neben einer lückenlosen Dokumentation sind hierfür ein klar definierter Informationsfluss und Kommunikationsregelungen zwischen allen Beteiligten erforderlich.

2 Schadensbilder

2.1 Schadensbilder nach Arten

2.1.1 Veralgung von Fassaden

Bauteile der Kostengruppe 335

Die Problematik der Veralgung von Fassaden stellt ein zunehmendes Problem in der Baubranche dar. Denn Wärmebrücken haben einen unmittelbaren Einfluss sowohl auf die Möglichkeit der Algenbildung als auch auf die hygienischen Bedingungen im Innenraum, wie zum Beispiel die Bildung von Schimmelpilzkulturen. Und auch diese sind immer häufiger anzutreffen.

Aufgrund eines erhöhten Wärmeabflusses im Bereich von Wärmebrücken verringern sich die Oberflächentemperaturen des Bauteils auf der Rauminnenseite. Dies hat eine Reihe von Konsequenzen, wie u. a. die stärkere Abkühlung der Wandoberfläche auf der Raumseite. Als Folge kommt es in vielen Fällen zu Einschränkungen des Wohlbefindens der dort sich aufhaltenden Personen, d. h., die Behaglichkeit leidet.

Ursache hierfür ist, dass die Oberfläche des außenliegenden Bauteils als kälter im Verhältnis zu den angrenzenden Oberflächen der innenliegenden Bauteile empfunden wird. Die höhere sogenannte Wärmestromdichte der Wärmebrücke bedeutet auch höhere energetische Verluste in den betroffenen Bereichen der Gebäudehüllkonstruktion.

Durch die geringere Oberflächentemperatur des kälteren Bauteils kommt es in der Grenzschicht der Luft in der Regel zu einer Erhöhung der relativen Luftfeuchte, verbunden mit dem möglichen Erreichen des Taupunkts und damit dem Anfall von Tauwasser.

Wärmebrücken werden nach der üblichen Verkehrsauffassung nach materialbedingten, konstruktionsbedingten bzw. geometrischen Wärmebrücken unterschieden.

Dies können Fensteranschlüsse, Innenwandanschlüsse an die Außenwand, an den Boden oder die Decke, Anschlüsse der Bodenplatte an die Außenwand und an Streifenfundamente sowie in Außenwände eingebundene Deckenplatten, Innen- und Außenecken von Fassaden, Anschlüsse auskragender Bauteile, wie z. B. Balkone oder Vordächer, sein.

Ebenso sind Eckausbildungen der Außenwand an die Geschoss- oder Dachdecke, wie auch an den Durchdringungspunkten von Versorgungsleitungen, als mögliche Wärmebrücken anzusehen.

Wärmebrücken führen häufig zu hygienischen und gegebenenfalls auch gesundheitlichen Problemen. Ab einer relativen Luftfeuchte von 80 % besteht die Gefahr eines Schimmelpilzbefalls.

In vergangenen Zeiträumen waren die Fenster diejenigen Bauteile mit dem höchsten Wärmeaustrag und der stärksten Abkühlung (kälteste Bauteile). Kam es an der Innenseite der Fenster zur Tauwasserbildung, konnte dies durch vermehrte Lüftung ausgeglichen werden.

Mit dem zunehmenden Einbau von dichteren (infolge der Veränderung der normativen Anforderungen zur Energieeinsparung und zum Wärmeschutz) Fenstern ist der kälteste Punkt nicht mehr an der Fensterinnenseite zu finden, sondern betrifft jetzt andere Bereiche im Raum, wie zum Beispiel die Außenwände, die Sturzbereiche über Fenstern, insbesondere im Bereich von Rollladenkästen, sowie bei Materialwechseln die Außenwände und speziell die Außenecken.

In diesen Fällen spricht man von stofflich oder konstruktiv bedingten Wärmebrücken.

Kommt es in diesen Bereichen zu Tauwasserbildung, wird dies oft erst bemerkt, wenn hier bereits Feuchteerscheinungen („Wasserflecken") und möglichweise beginnende oder meist auch schon fortgeschrittene Schimmelpilzbildung wahrnehmbar sind.

Wird entsprechend den allgemeinen Regeln der (Bau)technik geplant und gebaut bzw. gedämmt, so sind in den kälteren Oberflächen im Raum bei „normaler Raumnutzung“ keine Probleme durch Tauwasserbildung zu erwarten. Hilfreich hat sich hier im Zeitraum der Planung ein Feuchteschutznachweis nach DIN 4108 erwiesen.

Der Algenbefall kann sich aufgrund der relativ geringen Oberflächentemperaturen infolge fehlerhafter Ausbildung von Dämmschichten als Wärmeschutz bzw. zur energieeffizienten Gestaltung von Fassadenkonstruktionen auf allen Fassadensystemen gleichermaßen entwickeln. Ebenso sind Schimmelbildungen in dafür kritischen Bauteilbereichen möglich und meist wahrscheinlich.

Wärmedämmverbundsysteme (WDVS) wie auch vorgehängte Fassaden, Skelettkonstruktionen mit Ausfachungen oder auch die klassischen Mauerwerks- oder Betonaußenwandkonstruktionen mit mineralischen oder anderen Putzbeschichtungen können als Befallsbereiche durchaus ebenso betroffen sein.

WDVS haben einen verbesserten Wärmeschutz (geringerer Wärmedurchgangskoeffizient – U-Wert) gegenüber anderen konstruktiven Systemen, weisen aber somit vor allem aus diesem Grund niedrigere Oberflächentemperaturen auf.

Ein „schlechter“ Wärmeschutz und damit höherer U-Wert würde somit zwar zu höheren Oberflächentemperaturen an der Außenseite der Außenwand führen und so der Gefahr der Veralgung entgegenwirken, birgt jedoch in jedem Fall zum Beispiel ein höheres Risiko der Schimmelpilzbildung in Innenräumen, da sich infolge des höheren U-Werts (Wärmedurchgangskoeffizienten) eine geringere Oberflächentemperatur auf der Innenseite der Fassade einstellt. Hygienische Auswirkungen und ggf. Feuchteschäden sind daher auch nicht auszuschließen.

Sonneneinstrahlung auf Gebäudeaußenflächen (Fassaden, Dächer) bewirkt tagsüber eine kurzwellige Strahlung, die zur Aufheizung der Fläche führt. Nachts erfolgt bei niedrigen Temperaturen zur Abkühlung eine langwellige Abstrahlung. Wird dies dauerhaft durch

Schattenwurf von z. B. Gebäuden unterbunden (Wand-Effekt), kann einwirkende Feuchtigkeit nicht nach außen abgegeben werden und schädigt somit auf Dauer die Bausubstanz. Weiterhin kommt es zu Algen- und/oder Schimmelbildung.

Schattenbildung durch Vorsprünge, schräg stehende Einbauten etc. haben den sogenannten Sonnenschirm-Effekt, das heißt, durch rückseitige Strahlung gelangt tagsüber Restwärme auf die verschattete Fläche, nachts ist die Abstrahlung nicht komplett unterbunden. Je nach Anordnung der Verschattungskörper können sich positive und negative Auswirkungen ausgleichen.

Schadensbild „Veralgung“

In den meisten Fällen treten Schäden zunächst nur bereichsweise und an wenigen kleinflächigen Stellen auf (z. B. im Spritzwasserbereich ohne Aufkantung, im Bereich konstruktiv mangelhafter Wasserableitung), können sich aber im Laufe der Zeit großflächig entwickeln. Davon sind im ersten Zugrif in den meisten Fällen die Wetterseiten und/oder Verschattungsflächen betroffen. So begünstigen u. a. Bauten ohne ausreichende Dachüberstände Durchfeuchtungen und somit das Algenwachstum.

Die wichtigsten Kriterien und damit Ursachen für die Algenanfälligkeit einer Fassade sind umweltbedingte bzw. klimatische, bauphysikalische und konstruktive Einflussfaktoren. Der wesentlichste klimatische Einflussfaktor ist die verbesserte Luftqualität. Dieser durchaus positive Aspekt fördert jedoch das Algenwachstum sowohl in der Natur als auch an Gebäuden.

Zu Zeiten des sogenannten „sauren“ Regens wurden die Keime/ Sporen der Algen abgetötet und durch diesen Regen abgewaschen. Ursache des sauren Regens waren die in der Außenluft vorhandenen Rauchgase aus Verbrennungsprozessen, wie Schwefel- und Stickstoffoxide, die in Verbindung mit Luftfeuchtigkeit oder Regenwasser eine saure Lösung ergeben. Deren Wirkung ist mit dem langsamen Einwirken von stark verdünnter Schwefel- oder Salpetersäure vergleichbar. Dieser Effekt tritt nunmehr grundsätzlich nicht mehr ein.

Wie bereits erwähnt, treten die Veralgungen auch in der Natur, so an Bäumen besonders an den Wetterseiten (West, Nordwest), auf. D. h., auch Gebäude sind auf den Wetterseiten am anfälligsten.

Weiterhin ist die an diesen Seiten eintretende Regenbelastung/ Schlagregenbeanspruchung in Verbindung mit der Putzstruktur von großer Bedeutung. Insofern sind bei der Auswahl von Deckschichten oder Putzbaustoffen die örtlichen Schlagregenbeanspruchungsklassen von erheblicher Bedeutung.

Nahe liegende Gewässer und damit gegebenenfalls höhere Luftfeuchtigkeitsbedingungen können zusätzlich die Feuchtebildungen begünstigen, insbesondere in Verbindung mit den bauphysikalischen Bedingungen, wie dem Entstehen von ungünstigen Taupunktbedingungen.

Bauphysikalisch sind die geringen U-Werte verbunden mit den sich daraus ergebenden Oberflächentemperaturen an der Außenseite ein wesentlicher Faktor der Schadensentwicklung.

Aufgrund der konstruktiven Ausbildung, d. h. der eingesetzten Materialien, des Schichtenaufbaus und des Diffusionsverhalten der Schichten der Fassade, kann damit ein geringeres Wärmespeichervermögen verbunden sein, was sich negativ auf das Trocknungsverhalten auswirken kann. Sowohl Feuchteschäden als auch Veralgung sind einander bedingend und damit oft vorprogrammiert.

Bild 1: *Beginnende Veralgung einer Wandfläche infolge Verschattung und nahe stehendem Bewuchs. (Quelle: Manfred Kranz)*

Bild 2: *Algenbildung im Verschattungsbereich des Zwischenpodestes einer Außentreppe. (Quelle: Manfred Kranz)*

Stark strukturierte Fassadenoberflächen bewirken oftmals eine schlechte Wasserableitung.

Wie bereits erwähnt, wirken sich fehlende oder zu gering ausgebildete Dachüberstände, fehlender oder unzureichender Spritzwasserschutz z. B. durch fehlende Aufkantungen im Spritzwasserbereich oder auch fehlende Tropfnasen negativ aus.

Alle diese Faktoren fördern eine Durchfeuchtung der Fassadenfläche und damit die Algenbildung und die gegebenenfalls zu erwartende Schimmelbildung in den Innenräumen.

Veralgungen entstehen analog den Feuchteschäden durch die Störung des physikalischen Gleichgewichts von Durchfeuchtung und Trocknung. Sofern eine ausreichende Trocknung zeitnah gesichert ist, ist mit derartigen Schädigungen im Prinzip nicht zu rechnen.

Zu dicht anstehender Bewuchs oder andere eine Verschattung bewirkende Faktoren behindern die Austrocknung und bewirken eine vermehrte Feuchtespeicherung und damit das Algenwachstum. Langsames Austrocknen in Zusammenhang mit den vermehrten Durchfeuchtungen bilden günstige Wachstumsbedingungen. Die Sammlung von Wasser in Nischen und Rillen kann dies noch weiter fördern.

Maßnahmen zur Schadenverhütung und -beseitigung

Abwehrende Maßnahmen können die Sicherheit gegen die Entwicklung der Fassadenveralgung deutlich erhöhen. Grundsätzlich gilt: „Was trocken bleibt, bleibt algenfrei.“

Hocheffiziente und energetisch optimierte Fassaden erfordern grundsätzlich insbesondere bei ungünstigen Umgebungsbedingungen einen entsprechenden Witterungsschutz, dürfen aber das Gleichgewicht von Durchfeuchtung und Austrocknung der Fassade nicht unsachgemäß behindern. Dachüberstände sollen einen wirksamen Fassadenschutz bieten. Sie müssen die Außenhaut des Gebäudes vor übermäßiger Durchfeuchtung infolge Niederschlags (z. B. Schlagregen) schützen, aber auch eine Trocknung der durchfeuchteten Bereiche nicht zu stark behindern.

Sie verringern eine nächtliche Wärmeabstrahlung und wirken daher positiv einer Taupunktunterschreitung und somit der Vermeidung von Oberflächentauwasser an der Fassadenaußenseite in den Nachtstunden entgegen.

Bereits ein Dachüberstand von 30 cm kann eine Fassade bis über 5 m Höhe wirkungsvoll schützen. Im Allgemeinen werden Überstände von 50 bis zu 70 cm als sinnvoll angesehen.

Dies lässt sich beim geneigten Dach durchaus realisieren, das Flachdach stellt diesbezüglich ein Problem dar. Dort müssen andere Maßnahmen wirksam werden. Hierbei zeigen bereits minimale Gesimsabdeckungen auf ansonsten stark veralgten Fassaden eine deutliche Wirkung, da ein Bereich von ca. 1 bis 2 m unterhalb der Gesimsabdeckung algenfrei bleibt.

Eine sichere konstruktive Wasserableitung, wie durch die Ausbildung von Tropfnasen, ist des Weiteren ein konstruktiver Schutz in Spritzwasserbereichen (z. B. Aufkantungen im Bereich von Vordächern etc.). In Verbindung mit der Ausbildung eines Spritzwasserschutzes wie des mittlerweile üblichen Kiesstreifens kann eine Algenbildung wirksam verhindert werden.

Ebenso hat die Struktur des Deckputzes einen nicht zu unterschätzenden positiven Einfluss auf die Algenanfälligkeit der Fassade. Dies kann im Wesentlichen durch nachfolgend beschriebene Maßnahmen erreicht werden.

Glatte Oberflächen wirken sich günstig aus. So verhalten sich Kratzputze mit rauer Oberfläche feuchtetechnisch ungünstiger als Reibeputze mit glatter Oberflächenstruktur, da Feuchtigkeit länger auf der Oberfläche verbleibt bzw. infolge der höheren spezifischen Oberfläche besser in den Fassadendeckputz eindringen kann.

Glatte, wasserabweisend ausgebildete (in der Regel auch hydrophobierte) Oberflächen bieten ein geringeres Risiko der Veralgung. Hydrophobierungen verringern die Algenanfälligkeit im Normalfall durch die massive Behinderung der Durchfeuchtung.

Bei stark strukturierten Oberflächen kann sich eine Hydrophobierung auch nachteilig auswirken, da hier mit einer vermehrten Wasseransammlung in Nischen, Rillen usw. zu rechnen ist.

2.1.2 Schimmelpilze in Innenräumen

Bauteile der Kostengruppen 320 bis 360

Im „Leitfaden zur Vorbeugung, Untersuchung, Bewertung und Sanierung von Schimmelpilz-wachstum in Innenräumen“ (siehe hierzu auch den „Schimmelpilz-Leitfaden“ des Umweltbundesamts Berlin) aus dem Jahr 2024 wird festgestellt, dass gesundheitliche Auswirkungen durch Schimmelpilzbildungen kommen können.

Aufgrund des Vorhandenseins von biologischen Stoffen in der Umwelt und durch Feuchtigkeit und daraus resultierende Schimmelbildungen in Innenräumen kann es zu gesundheitlichen Folgen, wie zum Beispiel Atemwegserkrankungen, kommen.

Bei sehr hohen Schimmelpilzkonzentrationen, wie sie u. a. sowohl in Wohnräumen als auch an belasteten Arbeitsplätzen auftreten können, sind gesundheitliche Auswirkungen beim Menschen zu erwarten. Sporen und Stoffwechselprodukte von Schimmelpilzen können allergische und reizende Reaktionen beim Menschen auslösen.

Schimmelpilzsporen sind überall in der Außen- und Innenluft enthalten. Je nach Witterung ist ihre Konzentration in der Außenluft sehr unterschiedlich. Sie werden durch den Wind verbreitet und können so auch in den Innenbereich unserer Häuser eindringen und dort großen Schaden anrichten.

Wegen des Bedarfs an Feuchtigkeit siedeln sich Schimmelpilzsporen vorrangig auf organischen Baustoffen wie Tapeten, Kleister, Holz, Dispersionsfarben, Textilien, Leder, Papier und einigen Kunststoffen an. Sichtbarer Schimmelbefall wird nach dem Umfang der befallenen Flächen und der Eindringtiefe in drei Kategorien eingeteilt:

- Kategorie 1 – geringfügig – < 20 cm^2
- Kategorie 2 – gering bis mittel – < 0,5 m^2
- Kategorie 3 – groß – ≥ 0,5 m^2 + tiefere Schichten

Weitaus gefährlicher als sichtbare Schimmelflächen sind jedoch verdeckte Bereiche, in denen die Konzentration der Sporen zum Teil deutlich höher ist. Solche finden sich hinter Tapeten, unter Bodenbelägen und in feuchten Bereichen – häufig in Bädern und Küchen – an unzugänglichen Stellen.

Hinweise auf einen verdeckten Schimmelbefall geben hohe Raumtemperaturen in Verbindung mit einer hohen Luftfeuchtigkeit, die mit einem modrigen, muffigen Geruch einhergehen. Weitere Anhaltspunkte ergeben sich durch auftretende Beschwerden der Nutzer. Hierzu gehören insbesondere Kopfschmerzen, Abgeschlagenheit und Konzentrationsschwäche.

Schadensbild „Schimmelpilzbildung“

Bauliche Ursachen für einen Schimmelbefall

Undichtheiten

Undichtheiten an der Gebäudehülle, durch welche die Feuchtigkeit unkontrolliert eindringen kann, sind eine häufige Ursache für die Ansiedlung von Schimmel. Besonders Undichtheiten an Fenster- und Türanschlüssen, eine unzureichende Feuchtigkeitsabdichtung im Sockelbereich, mangelhafte Abdichtungen von (Flach-)Dächern und defekte Regenfallrohre lassen Wasser in die Bausubstanz eindringen.

Wärmebrücken

Wärmebrücken sind die vorrangigen gebäudespezifischen Ursachen von Schimmelbildung. An diesen Stellen ist die Oberflächentemperatur z. T. wesentlich geringer als in anderen Bereichen, sodass sich hier der Feuchteanteil der Luft als Tauwasser niederschlägt. Ähnliche Auswirkungen hat eine nicht konsequent durchgeführte energetische Gebäudesanierung, bei der beispielsweise die Fenster gegen hochwärmedämmende Elemente ausgetauscht werden, die Fassade jedoch im alten Zustand belassen wird.

Zu kurze Trocknungszeiten

Bei Neubauten und umfangreichen Instandsetzungs- oder Modernisierungsarbeiten tritt eine Feuchtigkeitsbelastung häufig durch zu kurze Trocknungszeiten nach dem Einbau von Baustoffen mit hohem Feuchteanteil wie beispielsweise Mörtel, Beton, Estrich u. Ä. auf. Ungünstige Gebäudeumgebung Liegt das betroffene Gebäude in der Nähe von Schlachthöfen, Kompostier- und Biomüllanlagen o. Ä., so können die dort in größeren Mengen vorhandenen Schimmelpilzsporen, insbesondere bei ungünstiger Windrichtung, auch in die Innenräume nahe liegender Gebäude eindringen.

Nutzerbedingte Ursachen für einen Schimmelbefall

Falsches Lüften

Besonders das Lüftungs- und Heizungsverhalten der Nutzer ist eine häufige Ursache von Schimmelbefall. Denn je höher die Raumtemperatur, desto höher ist auch der Feuchtigkeitsgehalt. Die Feuchtigkeit kann schließlich nur durch einen Luftaustausch, also Lüften, an die Außenluft abgegeben werden. Dies sollte durch ein regelmäßiges Stoßlüften (weit geöffnete Fenster) bzw. Querlüften („Durchzug") gewährleistet werden. Tritt durch eine Nutzung, wie beispielsweise Baden, Duschen, Kochen, Wäschewaschen und Trocknen, eine erhöhte Feuchtigkeit auf, so sind zusätzliche Lüftungsintervalle erforderlich.

Häufig lassen Nutzer die feuchte Luft auch durch offen stehende Innentüren in andere Räume strömen. Dies birgt insbesondere bei kälteren Räumen, wie z. B. im Schlafzimmer, die Gefahr, dass sich die warme, feuchte Luft auf den kälteren Wandoberflächen abkühlt und sich dort als Tauwasser niederschlägt.

Ungünstige Möblierung

Auch die Möblierung und Ausstattung der Räume können die Luftzirkulation negativ beeinflussen und damit eine Schimmelpilzbildung begünstigen. Hinter massiven, großen Schränken und dichten, nah an der Wand oder sogar vor Heizkörpern angeordneten Vorhängen sinkt die Oberflächentemperatur so weit ab, dass sich hier ebenfalls warme Luft als Tauwasser niederschlägt.

Mangelnde Hygiene

Zuletzt bietet auch eine mangelnde Hygiene den Schimmelsporen einen günstigen Nährboden, sodass diese sich selbst auf ansonsten gegen Schimmel resistenten Flächen, wie z. B. Glas, bilden können. In Verbindung mit Feuchtigkeit, wie beispielsweise in Abfallbehältern, steigt die Gefahr der Schimmelbildung schließlich noch weiter an.

Erscheinungsformen

Stockflecken

Weißliche und gelbliche Verfärbungen an Wänden und Decken, häufig als Stockflecken bezeichnet, geben erste Hinweise auf einen Schimmelbefall. Ist bereits ein pelziger Belag mit einem breiten Farbspektrum bis hin zu Schwarz zu erkennen, handelt es sich um einen intensiven Befall, der schon seit einiger Zeit besteht.

Die einzelnen Schimmelarten unterscheiden sich schließlich durch ihre Oberflächenstruktur. Einige bilden einen schleimigen Film, anderen fehlt dieser fast völlig, sodass sich die Sporen durch Luftbewegung wesentlich leichter im Raum bewegen können. Diese trockenen Befallstellen können leicht mit bereits abgestorbenen Schimmelflächen verwechselt werden, weshalb weitergehende Untersuchungen erforderlich sind.

Untersuchungsmethoden

Ortsbegehung

In einer ersten Ortsbegehung werden Umfang und Ausmaß des Schimmelbefalls festgestellt und durch Befragungen der Nutzer ergänzt. Temperatur- und Raumfeuchtemessungen lassen Rückschlüsse auf nutzerspezifische Fehler wie mangelnde Raumlüftung zu. Zur längerfristigen Überprüfung werden Datenlogger aufgestellt, welche die entsprechenden Daten für eine spätere Analyse aufnehmen.

MVOC-Messungen

Ergänzend dazu können MVOC-Messungen zur Ermittlung von entsprechenden Stoffen in der Raumluft in Auftrag gegeben werden und/oder der Einsatz von Schimmelpilz-Spürhunden. Bei einem vorliegenden Schimmelbefall können schließlich Materialproben entnommen und im Labor auf einen Pilzbefall sowie dessen Art, Beschaffenheit und Alter untersucht werden.

Bei der Thermografie werden Wärmebrücken per Infrarot-Kamera ermittelt. So können die besonders gefährdeten Stellen innerhalb einer Gebäudekonstruktion aufgezeigt werden. Da feuchte Stellen die Wärme wesentlich besser leiten als trockene, werden dadurch u. U. auch Leckagen erkannt.

Mit dem Blower-Door-Test wird die Luftdichtheit der Außenhülle eines Gebäudes überprüft. In Verbindung mit dem Einsatz von künstlichem Rauch können so – ergänzend zur Thermografie – undichte Stellen, durch die möglicherweise Feuchtigkeit eindringen kann, analysiert werden.

Maßnahmen zur Schadenverhütung und -beseitigung

Beseitigung mit üblichen Reinigungsmitteln

Nur bei sehr geringem Schimmelbefall, wie beispielsweise auf Silikonfugen in Feuchträumen, reicht eine Beseitigung mit üblichen Reinigungsmitteln aus.

Sanierungskonzept

In allen anderen Fällen müssen eine sachkundige Analyse sowie ein individuell auf die örtlichen Gegebenheiten abgestimmtes Sanierungskonzept erstellt werden. Hierbei ist die Unterscheidung zwischen Bewuchs und Kontamination entscheidend: Bei Bewuchs handelt es sich um eine Ansiedlung von Schimmelpilzsporen auf der Oberfläche, bei einer Kontamination sind diese bereits in die unteren Schichten des Baustoffs eingedrungen.

Durchführung von Sanierungsmaßnahmen

Nach der Ursachenfeststellung müssen zunächst konstruktive Fehlstellen, die das Eindringen von Feuchtigkeit verursachen, beseitigt werden. Dies können beispielsweise das Einbringen einer nachträglichen Horizontalsperre im Bereich der erdberührten Außenwände, das Herstellen einer ordnungsgemäßen Abdichtung im Fenster- und Türbereich sowie das Beseitigen von Leckagen sein. Vor der Ausführung weiterer Sanierungsmaßnahmen ist eine Trockenlegung der betroffenen Bauteile erforderlich, wobei darauf geachtet werden muss, dass keine Schimmelpilzsporen freigesetzt werden. Dies geschieht durch den Einsatz von Saug- oder Saug-Druck-Verfahren mit einer ggf. zusätzlichen Abschottung gegenüber den nicht befallenen Räumen. Der Erfolg der Trocknung wird durch eine kontinuierliche Messung der Temperatur und Luftfeuchtigkeit überwacht.

Maßnahmen gemäß Schimmelleitfaden

Die eben beschriebenen Maßnahmen beziehen sich auf Räume der Nutzungsklasse II. Für Räume der Nutzungsklasse III gilt ein verringertes Anforderungsniveau. Hier sind eine Sanierung und Instandsetzung der Räume weniger dringlich. Bei Räumen der Nutzungsklasse IV kann es sein, dass keine Maßnahmen hinter der Abschottung erforderlich sind – soweit die Bausubstanz nicht gefährdet ist.

Tabelle 1: *Anforderungen an die Behandlung eines Schimmelbefalls je nach Nutzung gemäß Schimmelleitfaden 2024. (Quelle: Ingrid Kaiser nach Schimmelleitfaden 2024 des Umweltbundesamts)*

Nutzungs-klasse	Anforderungen	Beispiele
I	spezielle, sehr hohe Anforderungen wegen individueller Disposition	Räume für Patienten mit Immunsuppression
II	normale Anforderungen	Innenräume zum nicht nur vorübergehenden Aufenthalt von Menschen: Wohn- oder Büroräume, Schulen, Kitas usw. einschl. dazugehörender Nebenräume
III	reduzierte Anforderungen	nicht dauerhaft genutzte Räume außerhalb von Wohnungen, Büros, Schulen usw., z. B. Keller- und Abstellräume außerhalb von Wohnungen, nicht ausgebaute Dachgeschosse, Garagen, Treppenhäuser
IV	deutlich reduzierte Anforderungen	luftdicht abgeschottete Bauteile und Hohlräume in Bauteilen oder Räumen, die nach Anforderung der DIN 4108-7 mit geeigneten Stoffen gegenüber Innenräumen abgeschottet sind

Im Anschluss an die Trocknung werden die befallenen Baustoffe komplett entfernt und anschließend ersetzt. Wegen des Anfalls von Staub und Schimmelpilzsporen in der Luft müssen unbedingt entsprechende Schutzmaßnahmen – gemäß den Vorschriften der Deutschen Gesetzlichen Unfallversicherung (DGUV) und der Berufsgenossenschaft der Bauwirtschaft (BGBau) – eingehalten werden. Das Abfallmaterial ist luftdicht zu verpacken und anschließend aus dem Gebäude zu entfernen und direkt zu entsorgen. Als persönliche Schutzausrüstung (PSA) ist ein Einweg-Schutzanzug der Kategorie III für hohe Risiken und Typ 5 partikeldicht vorgeschrieben.

Ggf. Behandlung mit Bioziden

Nach Trocknung und Entfernung der befallenen Baustoffe ist eine gründliche Reinigung der betroffenen Räume erforderlich und je nach Baustoff ggf. eine Behandlung mit Bioziden.

Schimmelvermeidung

Bauliche Maßnahmen

Bei Neubauten und umfangreichen Instandsetzungs- oder Modernisierungsarbeiten ist auf ausreichende Trocknungszeiten nach dem Einbau von Baustoffen mit hohem Feuchteanteil zu achten. Auch die Lagerung der Baumaterialien sollte möglichst feuchtegeschützt erfolgen und der Feuchtegehalt bei Einbau überprüft werden. Gefährdete Stellen, an denen Wasser bzw. Feuchtigkeit in das Gebäude eindringen kann, müssen regelmäßigen Inspektionen unterzogen werden.

Tabelle 2: *Feuchtegehalt von Baustoffen gemäß DIN 1052-1 (für Holz in beheizten Räumen, Zeile 1) und DIN 4108-4 (Quelle: Ingrid Kaiser)*

Baustoff	**Umgebungs-bedingungen**	**Feuchtigkeitsgehalt [Volumen-%]**
Holz	In beheizten Räumen	6–12
Mauerziegel		0,2–1,0
Kalksandstein		0,6–9,0
Normalbeton	60 % rel. Luftfeuchte, 20 °C Temperatur	1,2–1,6
Holz		3,5–11,0
Organische Dämmstoffe		2,0–17,0

Maßnahmen in der Nutzung

Ein richtiges Heizen und Lüften ist die Grundvoraussetzung zur Vermeidung von Schimmelbefall. Insbesondere nach energetischen Sanierungsmaßnahmen, wie beispielsweise dem Einbau neuer Fenster, ist die Luftdichtheit der Gebäudehülle gegenüber dem unsanierten Zustand wesentlich erhöht. Eine Unterweisung der Nutzer in das richtige Lüftungsverhalten – abhängig von Klima und Jahreszeit – ist in der Regel unabdingbar, um ein Fehlverhalten auszuschließen. Alternativ können auch Lüftungsanlagen eingebaut werden, die den erforderlichen Luftwechsel garantieren.

2.1.3 Feuchteschäden und deren Trocknungsmöglichkeiten

Bauteile der Kostengruppen 331, 332, 334

Insbesondere bei durchfeuchteten Kellerwänden sind die Flächen zusätzlich salzbelastet, sodass sie nach dem Abschlagen des Putzes gesandstrahlt oder mit einem Stahlbesen gereinigt werden müssen.

In einigen Fällen ist es sinnvoll, zunächst einen sog. Opferputz aufzubringen, der einerseits das Bauteil vor weiterem Eindringen von Feuchtigkeit schützt und andererseits die Salze aufnimmt und dann nach Sättigung abgeschlagen wird.

Bei hoher Salzbelastung sollte der Opferputz mindestens ein Jahr stehen, damit die Salze möglichst vollständig aufgenommen werden können. Ähnlich wirken entsprechende Kompressen, die gegebenenfalls mehrmals auf das Mauerwerk aufgebracht werden und ca. vier Wochen wirken müssen.

Anschließend erfolgt das Aufbringen eines Sanierputz-Systems.

Hinweis

Bei bereits länger bestehenden Feuchtebelastungen ist unbedingt eine Untersuchung auf Schimmelpilzbefall und dessen fachgerechte Beseitigung erforderlich, um Gesundheitsgefährdungen und massive Folgeschäden an der Bausubstanz zu vermeiden.

Bei massiven Wassereinbrüchen muss zunächst zeitnah das stehende Wasser entfernt werden, um weitere Durchfeuchtung und in der Folge Schimmelpilzbildung zu verhindern. Hierfür sind entsprechende Pumpen und Wassersauger erhältlich.

Hinweis

Handelt es sich um einen Versicherungsfall, z. B. nach einem Brand, ist die Versicherung ggf. weisungsberechtigt, d. h. sie kann die zu ergreifenden Maßnahmen anordnen. Hier empfiehlt sich, mit der Schadensmeldung eine Frist, z. B. 24 Stunden, zur Mitteilung geforderter Maßnahmen durch die Versicherung zu setzen, um Folgeschäden möglichst gering zu halten.

Grundsätzlich ist eine natürliche Trocknung im Rahmen des nutzungsüblichen Heizens und Lüftens möglich. Ist dies nicht ausreichend, kommt die sog. technische Trocknung zum Einsatz. Jede Trocknungsart muss daher von Fall zu Fall festgelegt werden, da sie von den individuellen Projekt- bzw. Objektbedingungen abhängig und ist:

- Außen-/Innentemperatur
- relative Luftfeuchte der Außenluft/Raumluft
- Konstruktionsart der Bauteile
- Feuchtegrad und Trocknungsverhalten der Baustoffe

Grundlegendes Unterscheidungsmerkmal der Trocknungssysteme ist die Art der Trocknung; die Raumlufttrocknung entzieht dem Baustoff die Feuchte durch Abgabe an die Raumluft, während die Bauteiltrocknung die Bauteile direkt erwärmt und damit die Feuchtigkeit verdunstet.

Nach dem Prinzip der Gleichgewichtsfeuchte nehmen Baustoffe Feuchtigkeit aus der Raumluft auf. Im Umkehrschluss nutzt die natürliche wie auch die indirekte Raumlufttrocknung die Wirkung, dass bei geringerer Raumluftfeuchte die Baustoffe die in ihnen enthaltene Feuchtigkeit wieder an die Luft abgeben.

Wird natürlich getrocknet, sollte die relative Luftfeuchte der Außenluft möglichst gering sein und die Ableitung der Raumluft zur Außenluft durch entsprechendes Lüften gewährleistet sein.

Besonders bei Baumaßnahmen, die in den Wintermonaten durchgeführt werden, kann die Trocknung durch Beheizen und Lüften während der Ausbauarbeiten sinnvoll sein. Ist die Heizungsanlage noch nicht installiert bzw. funktionsfähig stehen hier ölbetriebene Heißlufterzeuger, Infrarot-Strahlungsheizer, Elektro- und Propangas-Heizgeräte zur Verfügung.

Generell basieren die technischen Trocknungsverfahren auf dem Prinzip der Reduzierung des Feuchtegehalts der Luft, elektromagnetischer Strahlung oder Wärmestrahlung bzw. -konvektion.

Dass die Wasser-Aufnahmefähigkeit von Luft mit steigender Temperatur ebenfalls steigt, nutzt die thermische Trocknung.

Oft werden sog. Adsorptionstrockner eingesetzt, die in zwei Kreisläufen arbeiten. Zunächst wird die Raumluft angesaugt und mittels Silicagel oder Lithiumchlorid nach dem Entsalzungsprinzip die Feuchte entzogen.

Im zweiten Kreislauf wird ebenfalls Raumluft angesaugt und anschließend erwärmt. Sie wird dann durch das Silicagel oder Lithiumchlorid geleitet und nimmt daraus die Feuchtigkeit auf, die so abgeleitet werden kann.

Hinweis

Adsorptionstrockner können im gesamten Temperatur- und Luftfeuchtebereich eingesetzt werden, benötigen jedoch im Raum Verbindung zur Außenluft.

Eine weitere häufige Form der technischen Bautrocknung ist der Einsatz eines Kondenstrockners. Kondenstrockner werden möglichst in Raummitte positioniert, um die einwandfreie Funktion zu gewährleisten.

Durch einen Kompressor wird das Kältemittel bei Verdichtung aufgeheizt und durch Entspannung stark abgekühlt. Dadurch kondensiert die in der Raumluft enthaltene Feuchtigkeit, wird aufgefangen und abgeleitet. Anschließend wird die kalte Luft wieder erhitzt und in die Raumluft abgegeben. Unterstützt wird die Wirkung durch Ventilatoren.

Hinweis

Der optimale Einsatzbereich von Kondenstrocknern liegt bei Raumtemperaturen zwischen 15 und 30 °C in Verbindung mit einer relativen Luftfeuchte > 50 %.

Unterstützt wird die Wirkung der Kondenstrockner sowie der Adsorptionstrockner durch den Einsatz von Ventilatoren, die die Verteilung der trockenen Luft im Raum bewirken.

Turbinen – korrekt: Seitenkanal-Verdichter – saugen auf der einen Seite die Luft an, verdichten sie und blasen sie an der anderen Seite wieder aus. Sie können mit Kondens- oder Adsorptionstrocknern kombiniert werden, sodass die verdichtete, trockene Luft mit hohem Druck z. B. in durchfeuchtete Dämmschichten oder in Hohlräume eingeblasen werden kann.

Im Gegensatz zu den indirekten Verfahren, bei denen der Feuchtegehalt der Raumluft reduziert und damit den Baustoffen Feuchtigkeit entzogen wird, arbeiten die direkten Verfahren nach dem Prinzip der Wärmestrahlung. Als Heizkörper dienen z. B. Heizstäbe oder -platten. Hierbei wird das Bauteil/der Baustoff direkt erwärmt, sodass die Feuchte in die Raumluft entweicht, wobei darauf geachtet werden muss, dass der Feuchtegehalt der Raumluft entsprechend an die Außenluft abgeleitet wird.

Die Wärmestrahlung kann unterstützt werden durch das Konvektionsprinzip, bei dem durch die entstehende Thermik im Raum die warme Luft nach oben steigt, dort langsam abkühlt und damit wieder absinkt. So entsteht im Raum ein kontinuierlicher Kreislauf, der die Trocknung unterstützt.

Besonders bei massiven Wasserschäden durch Rohrbrüche, Naturkatastrophen oder Löschwasser hat sich die Mikrowellen-Trocknung bewährt. Durch die Erwärmung des im Baustoff enthaltenen Wassers mittels elektromagnetischer Wellen diffundiert dieses durch Dampfdruckausgleich an die Bauteiloberfläche und kann dort an die Raumluft abgegeben werden. Gegenüber anderen Trocknungsmethoden können so auch dicke und massiv durchfeuchtete Bauteile in kurzer Zeit getrocknet werden.

Hinweis

Da auch der Mensch zu einem großen Teil aus Wasser besteht, sind besondere Schutzmaßnahmen erforderlich, da die Strahlung – im Gegensatz zum Küchen-Mikrowellengerät – frei im Raum verläuft. Besonders die nicht zu bestrahlenden Bereiche müssen geschützt werden und die Strahlung im Raum kontinuierlich gemessen werden.

Infrarot-Strahler wirken im Wesentlichen mit ihrer Wärmestrahlung an der Bauteiloberfläche, sodass tiefer gelegene Schichten nicht erreicht werden. Sie sind damit nur unterstützend oder als Winterbauheizung einsetzbar.

Bei allen Trocknungsverfahren ist darauf zu achten, dass der Prozess nicht zu schnell, also mit zu hohen Temperaturen, erfolgt, da bei bestimmten Baustoffen/Bauteilen, z. B. Estrich und Holz, eine „Schnelltrocknung“ zu irreversiblen Schäden wie Rissen o. Ä. führen kann.

2.1.4 Oberflächenveränderungen

Bauteile der Kostengruppe 335

Oberflächen von Bauteilen verändern sich generell durch die Nutzung; dies wird am Beispiel von textilen Bodenbelägen deutlich, die i. M. je nach Qualität eine Lebensdauer von ca. zehn Jahren haben und dann ausgetauscht werden müssen. Aber auch mechanische

Beschädigungen, die im Betrieb des Gebäudes begründet sind, können dazu führen.

Häufig werden Fassaden unsachgemäß begrünt, beispielsweise mit Efeu. Alle Selbstklimmer, die sich mit ihren Haftorganen in Unregelmäßigkeiten oder kleineren Ausbrüchen im Putz eingraben können, vergrößern diese und führen letztlich zu eindringender Feuchte. Werden sie entfernt, muss die Putz-Oberfläche i. d. R. überarbeitet werden.

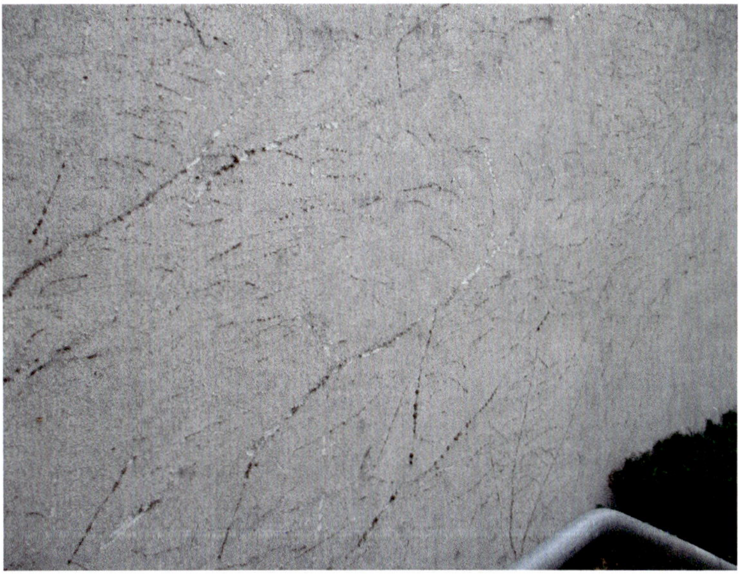

***Bild 3:** Rissähnliche Ausbrüche nach Entfernen einer Fassadenbegrünung (Quelle: Ingrid Kaiser)*

Aber auch mechanische Beschädigungen, die im Betrieb des Gebäudes begründet sind, können dazu führen. Häufig werden insbesondere Fassaden oder frei stehende Stützen im Außenbereich nicht ausreichend gegen Fahrzeug-Verkehr und Transport-Geräte gesichert.

Bild 4: *Anfahrschaden am Sockel einer WDVS-Fassade (Quelle: Ingrid Kaiser)*

Hier wurde der Sockelbereich durch Anfahren mit Flurförder-Fahrzeugen teilweise zerstört. Eine zeitnahe Instandsetzung, in Verbindung mit entsprechenden Abdichtungsmaßnahmen, ist erforderlich, um das Eindringen von Feuchte in das Gebäude zu verhindern.

Alle Arten von Beschichtungen sind Abnutzung – besonders im Außenbereich – ausgesetzt und müssen regelmäßig auf ihren bestimmungsgemäßen Zustand überprüft und ggf. instand gesetzt bzw. überarbeitet werden. Bei der Witterung ausgesetzten Bauteilen kommen neben der Alterung die Einwirkungen von Niederschlägen und Wind in Verbindung mit Sand und Staub hinzu, es kommt zur Erosion (= Oberflächenabtrag durch physikalische und chemische Einflüsse). Bei nicht ausreichender Frostbeständigkeit sprengt eingedrungenes Wasser durch Gefrieren die Oberfläche auf. Hinzu kommen Beanspruchungen durch wechselnde Temperatur und UV-Einstrahlung, die zu Versprödung führt.

Durchfeuchtung

Feuchtigkeit in Gebäuden hat die unterschiedlichsten Ursachen, sei es mangelnde Feuchtigkeitsabdichtung, sei es durch Havarien in Leitungen oder massiver Wasseranfall, z. B. durch Naturkatastrophen, oder Löschmaßnahmen im Brandfall.

Im ersten Schritt können über eine Inspektion (Inaugenscheinnahme) der Bauzustand ermittelt und mögliche Feuchtequellen entdeckt werden:

- Risse in der Fassade
- Auswaschungen und Ausblühungen am Mauerwerk

Bild 5: *Ausblühungen Sichtmauerwerk (Quelle: Ingrid Kaiser)*

Bild 6: *Schadhafter Sockelanschluss (Quelle: Ingrid Kaiser)*

- Dichtheit von Fenster- und Türanschlüssen

Bild 7: *Schadhafte Fenster- und Fensteranschlüsse (Quelle: Ingrid Kaiser)*

- Durchfeuchtung der Kellerwände (erdberührte Bauteile)
- Regenrinnen und Fallrohre (Anschlüsse, Laubanfall)
- Undichtheit von Wasser- und Heizleitungen
- Undichtheit von Dächern
- Silikonfugen in Feuchträumen
- Wasseranschlüsse von Elektrogeräten (Wasch-, Spülmaschinen)
- Funktionsfähigkeit von Abluft-Einrichtungen (fensterlose WCs und Bäder)

Zur Beurteilung der meist nicht eindeutig feststellbaren Undichtheiten und Leckagen sind neben Inaugenscheinnahme zusätzliche Prüfverfahren erforderlich, um die tatsächlichen Ursachen des Feuchtigkeitsanfalls zu bestimmen.

Mittels Thermografie können Wärmebrücken per Infrarot-Kamera ermittelt und die besonders gefährdeten Stellen innerhalb der Gebäudekonstruktion aufgezeigt werden. Da feuchte Stellen die Wärme wesentlich besser leiten als trockene, können so u. U. auch Leckagen erkannt werden.

Bei der Untersuchung von Warmwasser führenden Leitungen können diese vorübergehend an das Kaltwassernetz angeschlossen werden bzw. umgekehrt, je nachdem ob sich die Leitungen im warmen oder kalten Bereich der Konstruktion befinden.

Mit dem Blower-Door-Test wird die Luftdichtheit der Außenhülle des Gebäudes überprüft, d. h., in Verbindung mit dem Einsatz von künstlichem Rauch können, ergänzend zur Thermografie, undichte Stellen, durch die möglicherweise Feuchtigkeit eindringen kann, analysiert werden.

Zur Ermittlung von Leckagen an Installationsleitungen werden diese entweder mit Wasser oder mit Druckluft abschnittsweise abgedrückt, das heißt der erzeugte Druck wird mit einem Manometer überprüft. Hierzu wird in der Regel ein Prüfdruck von 110 mbar aufgebaut.

Um auch kleinere Undichtheiten aufspüren zu können, muss die Prüfzeit bei 100 l Leitungsvolumen mindestens 30 Minuten, je weitere 100 l jeweils zusätzlich 10 Minuten betragen. An der Heizungsanlage gibt das Druckmanometer durch Druckabfall bereits erste Auskunft über mögliche Leckagen.

Boden- und Kontaktmikrofone kommen bei gut Schallwellen leitenden Materialien (Metall, nicht bei Kunststoff) zum Einsatz: Die an Leckagen entstehenden Geräusche breiten sich zu beiden Seiten aus.

Beim Korrelationsverfahren wird mit zwei Mikrofonen, rechts und links bzw. oberhalb und unterhalb der vermuteten Undichtheit angebracht, gearbeitet und die Laufzeit des Schalls bis zum jeweiligen Mikrofon gemessen. So kann die Leckstelle zunehmend weiter eingegrenzt werden. Dieses Verfahren kann für erdverlegte Leitungen und bei Wand- und Bodenschächten eingesetzt werden.

Bei sehr kleinen Leckstellen entsteht keine Geräuschentwicklung, sodass nicht mit Mikrofonen gearbeitet werden kann, ebenso wie bei schlecht Schallwellen leitenden Materialien.

Nach Entleerung des Leitungssystems und Einblasen eines Gasgemischs (z. B. Stickstoff mit 5 % Wasserstoff) kann die Messung des Gasaustritts mit Detektoren erfolgen. Besonders bei Flachdächern und nicht metallischen Leitungen sind mit dieser Methode verlässliche Ergebnisse erzielbar.

Da gerade Flachdächer erhöhten Wasserlasten ausgesetzt sind und die Austrittsstellen oft weit von den verursachenden Stellen auftreten, wird hierbei das Flachdach unter Wasser gesetzt und ein elektrischer Impuls an der Austrittsstelle unterhalb der Dachkonstruktion gegeben.

Da Wasser Strom leitend ist, kann mittels zweier auf der Dachfläche positionierter Sonden der Widerstand gemessen werden und so, vergleichbar mit dem Korrelationsverfahren mittels Mikrofon, die Leckstelle immer weiter eingegrenzt werden.

Während die genannten Verfahren zerstörungsfrei arbeiten, müssen bei der Endoskopie Bohrungen vorgenommen werden. Sie wird entweder eingesetzt, wenn die Fehlerquelle durch die dargestellten Methoden eingegrenzt ist oder durch sie nicht feststellbar ist.

Hierdurch kann mit den ca. 10 mm großen Kernbohrungen in Wand oder Boden die betroffene Stelle in den tieferliegenden, nicht sichtbaren Schichten analysiert werden. Daher wird das Verfahren meist bei Hohlräumen innerhalb der Konstruktion und bei Wand- und Bodenschächten eingesetzt.

Um die Schadensintensität beurteilen und fachgerechte Trocknungsmaßnahmen festlegen zu können, ist eine messtechnische Analyse und Bewertung zwingend erforderlich.

Hierzu eignen sich Feuchtemessgeräte, die nach dem dielektrischen Messprinzip arbeiten (kapazitive Feuchtemessung), d. h., elektromagnetische Wellen dringen in den Baustoff ein und aufgrund der stärkeren Reaktion nasser bzw. feuchter Stellen auf die eingestrahlte Frequenz lässt sich der Feuchtegrad feststellen.

Da die Messtiefe in der Regel maximal 5 cm beträgt, ist das Verfahren bei mehrschichtigen Bauteilen mit dahinter liegender Dämmschicht (Verblendmauerwerk, Estrich, etc.), die am meisten durch Feuchtigkeit geschädigt ist, nur bedingt einsetzbar.

Widerstandsmessgeräte arbeiten dagegen mit Tiefenmesssonden, die über Fugen oder Bohrungen in den Baustoff eingeführt werden können. Da nasse bzw. feuchte Stoffe den eingeleiteten Prüfstrom besser leiten als trockene, steigen die ausgegebenen Werte entsprechend an. Da alle metallischen Werkstoffe ebenfalls gut leitend sind, können solche Bestandteile die Messwerte verfälschen.

Hinweis

Die Feuchtemessungen sollten während der Trocknungsphase kontinuierlich fortgesetzt werden, um den Trocknungsprozess zu protokollieren und sicherzustellen, dass alle Bauteile bzw. Baustoffe entsprechend getrocknet sind.

Bevor mit der Trocknung begonnen werden kann, muss sichergestellt werden, dass alle Feuchtequellen beseitigt sind.

Gegen aufsteigende Feuchtigkeit muss die gegebenenfalls nicht vorhandene senkrechte Abdichtung nachträglich erstellt werden oder die Wände durch Injektionen abgedichtet werden.

Hierzu wird das Wirkmittel in schräg nach unten verlaufende Bohrlöcher mit einem Durchmesser von 15 bis 30 mm und einem Abstand von 12 bis 15 cm durch Schwerkraft oder unter Druck eingebracht. Damit das Wirkmittel vom Baustoff aufgenommen werden kann, darf die Durchfeuchtung max. 60 % betragen, sodass sich vorab Trocknungsmaßnahmen empfehlen.

Ergänzend ist zu überprüfen, ob eine funktionsfähige Drainage vorhanden ist oder nachträglich eingebaut werden kann.

Verformung

Bauteile der Kostengruppen 331, 333, 341, 343, 351 und 361

Verformungen treten in der Regel in den tragenden Bauteilen auf und wirken sich auf Folgeschäden in den darauf befindlichen Belägen, Beschichtungen etc. aus. Sie sind zurück zu führen auf unzureichend oder in der späteren Nutzung veränderte Lasten und Kräfte.

Auf Bauteile einwirkende Kräfte bewirken zunächst Spannungen, die dann zu Verformungen und nach Erreichen der Festigkeit zum Bruch führen.

Dehnung bei Zugkraft und Stauchung bei Druckkraft und ihre Auswirkungen, z. B. Beulen, hängen von der Elastizität bzw. Plastizität der Baustoffe ab. Elastische Baustoffe gehen nach Beendigung der Belastungen in die ursprüngliche Form zurück, plastische dagegen bleiben dauerhaft verformt.

Sprödigkeit bzw. Zähigkeit geben Aufschluss über die Bruchneigung von Baustoffen.

Balken, Decken, Stürze und Träger werden durch senkrechte Lasten auf Biegung beansprucht. Hierbei entstehen auf der Oberseite – Einwirkungsseite der Last – Druckkräfte, auf der Unterseite Zugkräfte. Zusätzlich wirken auf diese Bauteile Schubkräfte, besonders wenn sie aus mehreren Lagen bestehen, die sich gegeneinander verschieben können.

Knickbeanspruchung sind schlanke Bauteile wie Pfeiler und Stützen bei senkrechter Lasteinwirkung ausgesetzt. Die Knickfestigkeit ist vom Baustoff, dem Querschnitt und der Knicklänge abhängig.

Auf Verbindungsteile waagerechter Bauteile mit senkrechtem Lastanfall wirken Scherkräfte senkrecht auf die Längsachse des Bauteils.

Wirkt eine Drehkraft auf ein Bauteil, entsteht ein Drehmoment quer zur Längsachse. Hierdurch entsteht Torsionsbeanspruchung.

Bei waagerecht auf Wände oder Stützen einwirkenden Kräften besteht entweder die Gefahr des Kippens oder des Gleitens. Sobald die angreifende Kraft und damit das Kippmoment größer ist als das Standmoment, kann das Bauteil nicht standhalten. Ähnlich ist die Auswirkung des Gleitens, wobei hier der kraftschlüssige Verbund mit den darüber- und darunterliegenden Bauteilen eine zusätzliche Rolle spielt.

Da hier – zusätzlich von zu erwartenden Folgeschäden – Bedenken an der Tragfähigkeit und Standfestigkeit des Gebäudes bestehen, sollte unbedingt ein Tragwerksplaner involviert werden.

Rissbildung

Neben Feuchtigkeit im und am Gebäude gehören entstehende Risse aus unterschiedlichsten Gründen mit zu den häufigsten Schäden. Aufgrund der unterschiedlichen Materialien und Ursachen sind ihr Entstehen und das Beseitigen in den jeweiligen Kapiteln beschrieben.

2.1.5 Graffiti-Entfernung

Bauteile der Kostengruppe 335

Grundsätzlich sollten Graffiti schnellstmöglich entfernt werden. Zum einen dringen die aufgebrachten Farben mit fortschreitender Zeit immer tiefer und dauerhafter in den Untergrund ein und sind dadurch schwerer oder gar nicht zu beseitigen, zum anderen verringert das schnelle Entfernen das Risiko weiterer Graffitis.

Verwendet werden in der Regel Sprühlacke und Filzstifte, die u. a. Farbpigmente, Lösemittel, Harze, usw. enthalten. Je nach Untergrund dringen die Bestandteile der Farben mehrere Millimeter tief ein und verbinden sich dauerhaft mit den Materialien der Fassade. Bestimmte lösemittelempfindliche Baustoffe, wie z. B. Polystyrol-Dämmplatten, werden dadurch mindestens teilweise zerstört bzw. aufgelöst.

Von glatten Untergründen wie Glas oder Metall (Edelstahl) lassen sich die Farben am leichtesten entfernen, da kein Eindringen möglich ist und solche Stoffe in der Regel lösemittelresistent sind. Weitere Fassadenbekleidungen aus glatten Materialien sind Kunststofffassaden, die jedoch häufig nicht beständig gegen Lösemittel sind, z. B. Keramik, Trapezblech und Hochdruck-Laminatplatten (HPL, High Pressure Laminates).

Mit knapp 75 % ist Putz in Deutschland der bei Fassaden am häufigsten verwendete Baustoff, z. T. als Wärmedämm-Verbundsystem (WDVS).

Klinkerfassaden stehen mit ca. 15 % an zweiter Stelle. Je nach Oberflächen-Eigenschaften können sie zu den eher glatten Oberflächen durch geringen Porenanteil oder zu den Raueren durch Strukturierungen gezählt werden. Auch Betonfassaden (Sichtbeton, insbesondere aus den 1970er Jahren) haben ähnliche Eigenschaften.

Holzfassaden sind in den letzten Jahren zunehmend beliebter geworden. Sie haben den Vorteil, dass die oberste Schicht abgeschliffen und neu gestrichen, lackiert oder anderweitig behandelt werden kann.

Natur- und Kunststeine als Fassadenbekleidung haben nach ihrer Entstehung und der Art der Oberflächenbehandlung unterschiedliche saugende Eigenschaften. Hier ist die Verträglichkeit der jeweiligen Verfahren in jedem Einzelfall zu prüfen.

Untergründe, die mit den entsprechenden Maßnahmen gegen Graffiti geschützt wurden, haben eine Oberfläche, die das Anhaften und Eindringen von Farben naturgemäß weitgehend verhindert.

Durch den Zusatz chemischer Stoffe, meist organischer Lösungsmittel mit Tensiden in flüssiger oder pastöser Form, entsteht die Problematik der Entsorgung der entstehenden Flüssigkeiten, die auf keinen Fall in die Kanalisation gelangen dürfen, sondern aufgefangen und entsprechend entsorgt werden müssen. Vorab muss unbedingt die Verträglichkeit der Fassadenmaterialien mit den eingesetzten Mitteln geprüft werden. Der pH-Wert des Reinigers muss ≥ 7, also neutral oder alkalisch sein, um Schäden möglichst zu vermeiden.

Die chemischen Reiniger werden auf die Oberfläche aufgebracht und nach der exakt eingehaltenen Einwirkzeit gemäß Herstellerangaben entweder bei kleinen Flächen manuell durch Aufsaugen mit entsprechenden Materialien und anschließendem Abwaschen mit Wasser oder mittels Hochdruck-Wasserstrahl (s. Kap. 2.3.2) entfernt. Bei geschützten Untergründen kann der Reiniger mit einfachem Wasserstrahl entfernt werden.

Weiterhin ist für die Ausführung eine entsprechende persönliche Schutzausrüstung (PSA) für die Ausführenden erforderlich und andere empfindliche Fassadenteile müssen sicher abgedeckt werden, um Schäden zu verhindern.

Mit thermischen Verfahren werden Graffiti ausschließlich durch Wärme-Einfluss gelöst und entfernt. Es können jedoch auch chemische Mittel ergänzend eingesetzt werden. Die Entfernung erfolgt mit Dampfstrahlern.

Abrasive Verfahren sind in der Regel nur bei relativ glatten, harten Oberflächen sinnvoll, da ansonsten auch Schichten der Fassadenbekleidung, wie z. B. Putz, abgetragen werden und die behandelte Fläche sich von der übrigen Fassade optisch unterscheidet.

Das Partikelstrahl-, Niederdruckrotationswirbelverfahren (JOS) und das Hochdruck-Wasserstrahlen unter Einsatz von Strahlmitteln, z. B. Gesteinspulver, sind nur dann einsatzbar, wenn Graffiti sich nur an der Oberfläche befindet und noch nicht in tiefere Schichten eingedrungen ist.

Laser- und Ultraschall-Strahlen sprengen ebenfalls eher die an der Oberfläche liegenden Farbpartikel der Graffiti ab. Die Verfahren werden aufgrund der hohen Gerätekosten bislang nur selten eingesetzt, sodass auch umfassende Erfahrungen noch nicht vorliegen.

Ebenfalls kostenintensiv ist das Trockeneis-Strahlverfahren, es hat jedoch den Vorteil, kaum abrasiv zu sein, so dass es u. a. auch für den Einsatz bei denkmalgeschützten Fassaden geeignet ist.

Insbesondere bei Graffiti mit helleren Farben auf gestrichenen bzw. beschichteten Fassaden besteht die Möglichkeit einer Neubeschichtung. Da Fassadenfarben sich im Laufe der Zeit durch UV-Strahlen und andere Witterungseinflüsse verändern, werden Farbmessgeräte (Chromameter) eingesetzt, nach deren Werten die Fassadenfarbe exakt nachgemischt werden kann. Je nach Wasserdampf-Durchlässigkeit der Farbe müssen bei mehrmaligen Anstrichen die bauphysikalischen Einflüsse durch Reduzierung der Durchlässigkeit geprüft werden.

Für den Schutz vor zukünftigen Graffitis stehen unterschiedliche Verfahren zur Verfügung. Die lösemittelresistenten **Permanentsysteme** mit ein- und zweikomponentigen Polyurethanen sind zwar dauerhaft, haben jedoch eine diffusionssperrende oder mindestens diffusionsbremsende Wirkung. Daher muss der Feuchtehaushalt des zu behandelnden Bauteils in Verbindung mit der jeweiligen wasserdampfdiffusionsäquivalente Luftschichtdicke sd gemäß Herstellerangaben überprüft werden.

Im Bauteil vorhandene Feuchtigkeit muss gemäß den jeweiligen Ursachen beseitigt werden, da sie andernfalls dauerhaft abgesperrt würde. Da die meisten dieser Systeme Lösemittel enthalten, sind sie nur für mineralische Untergründe geeignet; umliegende lösemittelempfindliche Bauteile der Fassade müssen sorgfältig während des Aufbringens geschützt werden.

Die zweikomponentigen Schutzlacke sind glänzend und matt erhältlich und verhindern dauerhaft das Eindringen von Farbpartikeln durch Graffiti.

Semipermanentsysteme aus Polymeren, acrylatmodifizierten Polymeren, acrylharzmodifizierten Siliconen oder oligomeren Siloxanen und Wachsverbindungen sind witterungs- und UV-beständig und haben bei gleichzeitiger hydrophobierender Wirkung eine durchschnittliche Lebensdauer von ca. fünf Jahren.

Graffiti wird auf diesen Beschichtungen mit Nieder- oder Hochdruck-Heißdampf entfernt, anschließend muss der Graffiti-Schutz erneuert werden. Bei zweischichtig aufgebrachten Systemen bleibt bei einer Reinigung die permanente Grundierung erhalten, so dass nur die obere Opferschicht neu aufgebracht werden muss.

C6-Fluor-Polymer-Imprägnierungen sind für saugende Untergründe wie Beton und Klinker, aber auch Sandstein geeignet und damit auch im Denkmalschutz einsetzbar. Sie bilden eine dünne Trennschicht, die auch in die Oberfläche eindringt und sich mit dem Fassadenmaterial verbindet.

Temporärsysteme bzw. Opferschichten auf Wasserbasis mit Polysacchariden, natürlichen Wachsen oder Acrylaten erreichen nur Lebensdauern von einem halben bis drei Jahren, in Ausnahmefällen bis zu fünf Jahren, enthalten keine Lösemittel und sind wasserlöslich, d. h., sie waschen sich durch Regen aus und müssen nach einer Graffiti-Entfernung mit Nieder- oder Hochdruck-Heißdampf in der Regel erneuert werden. Sie werden mit sD-Werten von unter 0,01 bis ca. 0,5 m angeboten und sind damit diffusionsoffen.

Das Eindringen von Wasser in die Fassadenoberfläche verursacht in der Regel gravierende Schäden bis hin zur Beeinträchtigung der Tragfähigkeit und hebt die Schutzfunktion der Gebäudehülle auf. Ein **Hydrophobieren** der Oberfläche bedeutet, sie wasserabweisend zu machen; allgemein wird hier auch von Imprägnierung oder „Lotus-Effekt", bei dem das Wasser an der Oberfläche abperlt, gesprochen.

Die flüssigen oder crèmeförmigen (für dichtere Oberflächen) Produkte aus Silanverbindungen und Fluoropolymeren schützen nicht nur vor dem Eindringen von Wasser, sondern auch vor anderen Schadstoffen. Durch die flüssigkeitsabweisende Oberfläche können darüber hinaus auch Graffiti schlechter haften und somit leichter entfernt werden.

2.2 Schadensbilder nach Konstruktionen

2.2.1 Übersicht Bauteile gemäß DIN 276

2.2.1.1 Baugrund – KG 311

Liegt kein Baugrund-Gutachten vor, besteht die Gefahr, dass die Gründung nicht den Anforderungen an die Boden-Verhältnisse entspricht. Es kann zu Setzungen des Gebäudes und entsprechenden Schäden kommen. Ein Restrisiko bleibt dennoch auch bei Durchführungen entsprechender Baugrund-Untersuchungen, da die Proben nur stichprobenartig genommen werden (können), wodurch kleinräumige, andere Zusammensetzungen nicht erfasst werden.

Weiterhin unterliegt der Boden Veränderungen, bspw. durch Starkregen. Hierbei wird das Grundwasser beeinflusst, einmal hinsichtlich des Höhenstands, zum anderen durch eine Veränderung der Fließrichtung. Insbesondere feine Sande werden hierdurch ggf. weggespült bzw. umgelagert.

Die Folge sind Setzungen, die durch mehr oder weniger breite Risse deutlich werden. Dies ist abhängig von der Zusammendrückbarkeit des Bodens, sodass es durchaus Jahre dauern kann, bis Risse die Setzungen signalisieren. In diesem Fall sind Rissmarken empfehlenswert, um Veränderungen analysieren zu können; verändern sich die Risse nicht, ist davon auszugehen, dass die Setzungen zum Stehen gekommen sind. Andernfalls muss relativ schnell gehandelt werden.

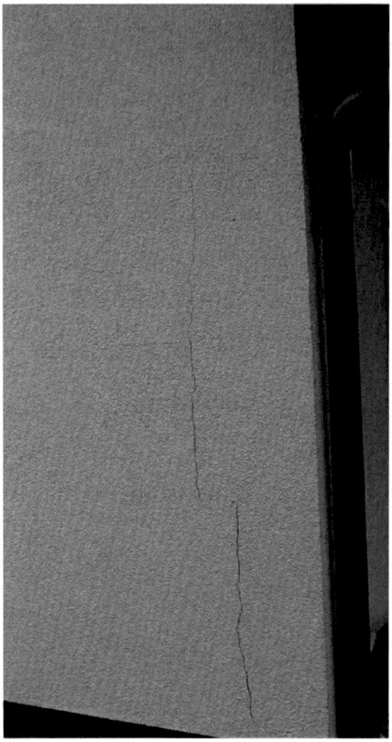

Bild 1: *Senkrechte, abgetreppte Setzungsrisse (Quelle: Manfred Kranz)*

Auch der Wechsel von Starkregen-Phasen und Dürre-Perioden wirkt sich auf die Tragfähigkeit des Baugrunds aus. Besonders bindige Böden mit geringer Korngröße (z. B. Tone und Schluffe mit ca. 0,002 bis 0,063 mm) schrumpfen bei Verringerung des Wassergehalts nicht unerheblich. Hierdurch entstehen ebenfalls Setzungsrisse (Schrumpfrisse).

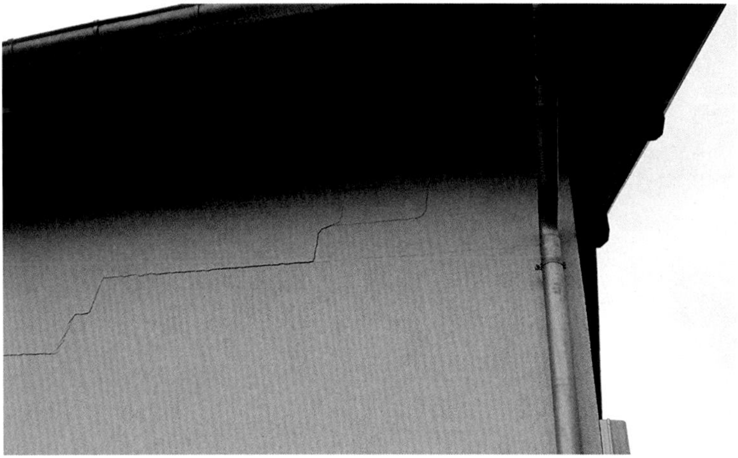

Bild 2: *Waagrechte, abgetreppte Risse (Quelle: Manfred Kranz)*

Setzungen treten bei jedem Gebäude auf; soweit sie über längere Zeiträume und nur im Millimeter-Bereich auftreten, bedeuten sie keine Gefahr. Treten die Setzungen ungleichmäßig auf, sodass Höhenunterschiede erkennbar werden, gilt das Verhältnis des Höhenunterschieds zwischen zwei Mess-Punkten (Δ s) zum Abstand der Messpunkte (l) als Indikator für die Setzung. Geringfügige Rissbildung entsteht bei $\Delta s / l > 1/300$, die Konstruktion beeinflussende Risse bei $\Delta s / l > 1/150$.

Bild 3: *Abgesackte Bodenfläche außen als Indiz für Bodensetzungen. (Quelle: Manfred Kranz)*

2.2.1.2 Gründungen – KG 320

Ist die mangelnde Tragfähigkeit des Bodens bekannt, werden Baugrundverbesserungen (KG 321) oder Tiefgründungen (KG 323) ausgeführt.

Sind bereits Setzungen aufgetreten, müssen die vorhandenen Fundamente bzw. Bodenplatten (Flachgründungen KG 322) – nach Analyse des Baugrunds – ertüchtigt werden.

Ein klassisches Verfahren ist die **Unterfangung** (analog Band 1, Kap. 2.4), bei der abschnittsweise im Taktverfahren (Pilgerschritt-Verfahren) die vorhandenen Fundamente freigelegt und von unten mit Beton gem. statischer Berechnung auf Basis eines Baugrund-Gutachtens sowie der Klärung des Grundwasserstands verstärkt werden; ggf. sind zusätzliche Abdichtungsmaßnahmen erforderlich. Da die Maximal-Last der Abfangung max. 250 kN/m beträgt, eignet sich dieses Verfahren in der Regel nur für kleinere Projekte.

Des Weiteren muss der Baugrund im Bereich der Unterkante der Unterfangung entsprechend tragfähig sein.

Bild 4: *Riss von innen in der Außenwand-Ecke (Quelle: Ingrid Kaiser)*

Der im Bild dargestellte Riss hat sich nach Unterfangung im Fundament-Bereich der Gebäude-Ecke innerhalb weniger Wochen geschlossen.

Eine weitere Möglichkeit ist das Düsenstrahl-Verfahren, bei dem vom Grundsatz her der Boden vermörtelt und damit die Tragfähigkeit verbessert wird (KG 321). Durch einen Düsenstrahl wird das Bodengefüge aufgelöst, während parallel eine Zement- oder Zement-Betonit-Suspension eingebracht wird. Auch hier wird taktweise im Pilgerschritt-Verfahren gearbeitet, um weitere Setzungen während der Ausführung zu vermeiden. Es entstehen Verfestigungskörper unterhalb der vorhandenen Fundamente, die das Gebäude im mm-Bereich anheben können. Hierdurch werden Setzungsrisse auch über 5 mm Breite zum Teil wieder geschlossen.

2.2.1.3 Außenwände – KG 330

Außenwände haben wie Dächer eine Hüll- und Schutzfunktion des Gebäudes und unterliegen damit vielfältigen Einflüssen aus der Witterung, wie Niederschlägen, teilweise extremen Temperaturunterschieden sowie Erosion aus Wind und Umwelteinflüssen, aus denen unter Umständen starke Schäden entstehen können.

Tragende Außenwände (KG 331) sind häufig aus Mauerwerk bzw. Beton und innen wie außen mit Beschichtungen, Bekleidungen etc. versehen. Da sie zum Tragwerk des Gebäudes gehören, wirken sich Störungen in der Tragfähigkeit, z. B. aus dem Baugrund bzw. der Gründung, direkt auf sie aus.

Die nichttragenden Außenwände (KG 332) wie Ausfachungen in Fachwerk oder zwischengehängte Brüstungen, z. B. aus Fertigteilen, bilden zusammen mit der tragenden Konstruktion, u. a. von Stützen (KG 333) aus Beton, Holz oder Stahl, ebenfalls Außenwand-Konstruktionen.

Außenwandbekleidungen außen (KG 335) werden im Zusammenhang mit Fenstern, Türen und Toren (KG 334) unter dem Begriff Fassaden zusammengefasst. Während lange Jahre/Jahrzehnte die Außenwand-Konstruktionen sichtbar blieben oder mit Putzen/Stuck bzw. Natursteinen bekleidet wurden, kam in den letzten Jahrzehnten eine Vielzahl von Materialien und Formgebungen zum Einsatz.

Keramik-Bekleidungen wurden in früheren Baujahren (in den 1970ern) wie Fliesen auf die Tragkonstruktion, in der Regel Mauerwerk, wie im Innenausbau, mittels Mörtelbett und Verfugung auf der Außenwand angebracht. Durch die Alterung werden die Fugen porös, Feuchte kann dadurch unter die Fliesen dringen und diese durch Frosteinflüsse absprengen.

Bild 5: *Abplatzende gerissene Keramik-Platten an der Fassade (Quelle: Ingrid Kaiser)*

Die Schadensbeseitigung ist nur durch Austausch der geschädigten Bereiche und kontinuierliche Beobachtung der Fassade möglich. Dies ist insbesondere hinsichtlich der Verkehrssicherungspflicht bei herabstürzenden Platten eine wichtige Problematik für Eigentümer und Betreiber.

Aktuelle Keramik-Fassaden werden demgegenüber in der Regel auf Unterkonstruktionen mit Wärmedämmung und ggf. Hinterlüftung auf die Fassaden montiert und unterliegen damit bei fachgerechter Ausführung nicht den oben beschriebenen Gefährdungen. Durch Frostbeständigkeit und Resistenz gegen UV-Bestrahlung sind sie vergleichsweise dauerhaft.

Kunststoff-Bekleidungen wurden ebenfalls häufig in den 1970ern als Fassaden-Bekleidungen eingesetzt – häufig auch, um historische Fassaden zu „modernisieren“. Hierbei handelt es sich nicht um einen faktischen Bauschaden, sondern um die Nichtberücksichtigung historischer Bausubstanz. Die zu dieser Zeit verwendeten Kunststoffe waren zudem wenig UV-beständig und verfärbten sich dadurch in relativ kurzer Zeit. Viele private und öffentliche Eigentümer sind in den letzten Jahren dazu übergegangen, die Kunststoff-Bekleidungen zu entfernen und die darunterliegende Bausubstanz zu restaurieren.

Weiterhin kann bei PVC-Fassadenelementen durch hohe Temperaturen, die im Sommer – abhängig von der Himmelsrichtung und dem Helligkeitsgrad der Oberfläche – über 80 °C erreichen können, Chlorgas entstehen, das Befestigungsmittel und andere metallische Bestandteile ebenso wie die PVC-Elemente zerstört. In diesem Fall muss die Fassade komplett ausgetauscht werden.

Holz und Holzwerkstoffe zur Fassaden-Gestaltung treten im Rahmen von zunehmenden Holzbau-Konstruktionen im Hochbau aktuell in den Vordergrund. Allerdings unterliegen sie, ebenso wie Holzfenster, einem erhöhten Instandhaltungsaufwand, da der Natur-Baustoff Holz bei Feuchte-Einflüssen dem Quellen und Schwinden unterliegt. Ein ständiger Wechsel führt zu Rissbildungen und Auswaschungen wesentlicher Bestandteile des Holzes, z. B. Lignin. Daher ist der konstruktive Holzschutz bei Holzfassaden, neben der Wahl der jeweiligen Holzarten, wichtigster Bestandteil der Erhaltung von Fassaden-Bekleidungen aus Holz. Vorrangiger Aspekt ist es zunächst, das Eindringen von Feuchte weitgehend zu verhindern (konstruktiver Holzschutz) und im nächsten Schritt durch die Konstruktion die Möglichkeit zur Abgabe von eindringender Feuchtigkeit an die Außenluft zu geben (Hinterlüftung).

Die DIN EN 355 unterscheidet folgende Gebrauchsklassen (GK):

- GK 1 – trockener Innenbereich
- GK 2 – Innenbereich; überdachter Bereich, witterungsgeschützt, kondensationsgefährdet

- GK 3 – Außenbereich, witterungsexponiert, ohne Erdberührung
  - GK 3.1 – vorübergehender Wasserkontakt, Wasser kann schnell abtrocknen
  - GK 3.2 – keine Möglichkeit der schnellen Abtrocknung
- GK 4 – Außenbereich, Kontakt zu Erdreich bzw. Süßwasser
- GK 5 – Außenbereich, Kontakt zu Salzwasser

Bild 6: *Langzeit-bewitterte Holzfassade mit Feuchteschäden (Veralgung) (Quelle: Ingrid Kaiser)*

Unbehandelte Holzfassaden können zunächst professionell gereinigt werden; hierbei darf kein Hochdruck-Strahler eingesetzt werden, da sonst bereits an der Oberfläche befindliche Algen und/oder Pilze in das Holz eindringen können. Nach der erforderlichen Abtrocknungszeit – abhängig von der Witterung – kann ein Beschichtungssystem aufgebracht werden.

Durch UV-Einstrahlung tritt der Effekt der Vergrauung ein, der aus gestalterischen Gründen teilweise durch ein Vorvergrauen des Holzes mittels Lasuren genutzt wird.

Öle, Wachse und Silikone dienen der Hydrophobierung, d. h., Wasser perlt an der Oberfläche ab und kann abfließen, ohne die Holz-Oberfläche zu schädigen. Gleichzeitig bieten diese Beschichtungssysteme in der Regel auch Schutz vor Vergrauung.

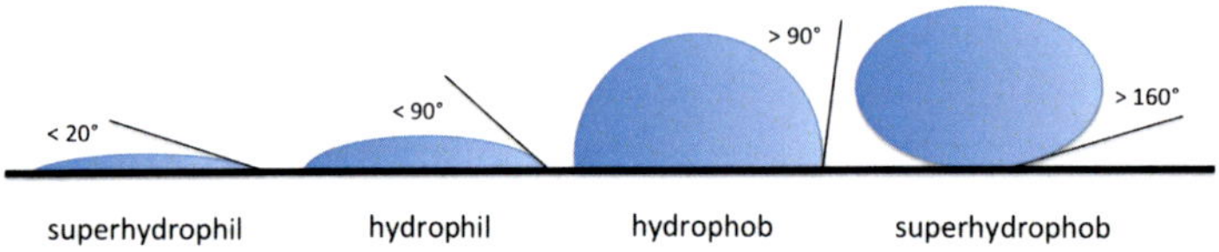

Bild 7: *Hydrophobierungsgrade (Quelle: Ingrid Kaiser)*

Mit pigmentierten, wasserbasierten Lacken, die die Holzstruktur abdecken, wird die Witterungsbeständigkeit erhöht und eine farbliche Gestaltung ermöglicht. Die Intervalle zur Erneuerung der Beschichtung sind abhängig von der Witterungsexposition; sie liegen im Mittel bei ca. sieben Jahren.

Bild 8: *Holz-Giebelbekleidung mit Lackierung nach 5 Jahren Bewitterung (Westseite) (Quelle: Ingrid Kaiser)*

Außenwandöffnungen (KG 334, Fenster, Türen und Tore) und **Außenwandbekleidungen innen** (KG 336, Innenputz, Wandbeläge, Trockenbau) werden in den entsprechenden Kapiteln behandelt.

Für **Innenwände** (KG 340) gilt das Beschriebene analog.

2.2.1.4 Decken/Horizontale Baukonstruktionen – KG 350

Erforderliche Ertüchtigungen von Geschossdecken erstrecken sich in der Regel auf die drei Bereiche Tragfähigkeit, Schallschutz und Brandschutz. Bei obersten Geschossdecken (unter nicht beheiztem bzw. nicht gedämmtem Dachraum) kommt der Wärmeschutz hinzu.

Soll die Tragfähigkeit der **Deckenkonstruktion (KG 351)**, z. B. bei einer Umnutzung, erhöht werden, muss häufig aufgrund fehlender statischer Unterlagen die vorhandene Belastbarkeit geprüft werden. Durch Belastungsversuche gem. Richtlinie für Belastungsversuche an Betonbauteilen des Deutschen Ausschusses für Stahlbeton (DAfStb) werden experimentelle Tragsicherheitsbewertungen zerstörungsfrei durchgeführt. Über ein verankertes Stahlrahmen-System erzeugen Hydraulikzylinder entsprechende Lasten auf die zu prüfende Decke. Verformungssensoren unterhalb der Decke messen die Durchbiegungen, Kraftmessdosen geben die jeweils aufgebrachte Last an.

Muss die Decke verstärkt werden, kann ein mikrobewehrter Hochleistungsbeton aufgebracht werden. Mit einer hohen Duktilität (Fähigkeit der plastischen Verformung vor dem Versagen) erreicht er Druckfestigkeiten bis 200 N/mm^2 sowie Biegezugfestigkeiten bis 75 N/mm^2. Da Einbauhöhen – abhängig von der erforderlichen Lastaufnahme – ab 15 mm möglich sind, werden die lichten Raumhöhen nur geringfügig verringert.

Ist eine Verstärkung oberhalb der Betondecke nicht möglich bzw. sinnvoll, können von unten Memorystahl-Bänder aufgebracht werden. Hierbei handelt es sich um ca. 0,12 m breite und 1,5 mm dicke Stahlbänder auf Eisenbasis, die an ihren Enden netzförmig im rechten Winkel zueinander in der Decke verankert und mit Teleskop-Stützen fixiert werden. Mit Infrarot- oder Gas-Strahlern werden sie anschließend auf bis ca. 300 °C erhitzt. Da es sich um eine Formgedächtnis-Legierung handelt, erfolgt nach der Erhitzung eine Rückverformung, sodass die Streifen straff an die Decke anschließen.

Bei Treppen ist die häufigste Problematik der Schallschutz. Werden Treppenläufe und Podeste nicht akustisch getrennt aufgelagert, überträgt sich der Trittschall (= Körperschall) über die Geschossdecken in die einzelnen Nutzungseinheiten.

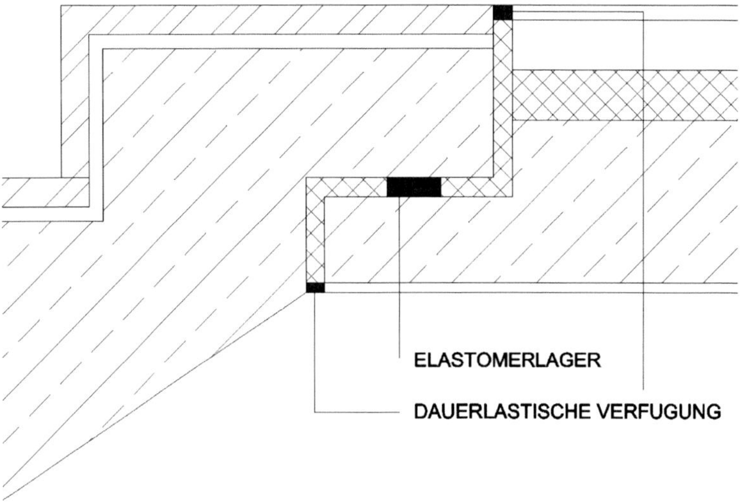

Bild 9: *Beispiel schallschützender Anschlüsse bei Treppen (Quelle: Ingrid Kaiser)*

Sind die erforderlichen Maßnahmen bei der Gebäude-Erstellung nicht eingehalten worden – insbesondere bei älteren Bestandsgebäuden –, können als Kompromiss-Lösung die Bodenbeläge von Treppe und Podest sowie im Anschluss des Treppenhauses an die Nutzungseinheit eingeschnitten und mit entsprechenden Materialien gefüllt werden. Hierdurch bleibt die Situation der Flanken-Übertragung über die angrenzenden Treppenhaus-Wände jedoch erhalten. Daher bieten nur der Abbruch und die normengerechte Neuerrichtung der Treppen den geforderten Schallschutz.

Häufig empfohlen werden auch Akustik-Paneele im Treppenhaus, die jedoch nur den Luftschall dämpfen. Auch weiche, textile Bodenbeläge mindern die Schall-Übertragung nur minimal und sind in stärker genutzten darüber hinaus nicht empfehlenswert.

Die **Deckenbeläge (KG 353)** sind im Kapitel „Bodenbeläge" behandelt.

2.2.1.5 Dachkonstruktionen – KG 360

Die **tragenden Konstruktionen von geneigten Dächern (KG 361)** werden nach wie vor meistens als Holz-Dachstühle ausgeführt.

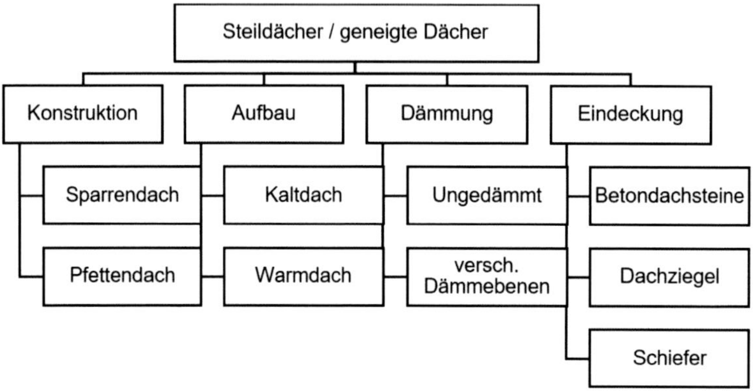

Bild 10: *Typologien von Steildächern (Quelle: Ingrid Kaiser)*

Grundsätzlich wird bei den noch immer am häufigsten eingesetzten zimmermannsmäßigen Konstruktionen zwischen Pfettendächern mit einer Neigung zwischen ca. 18° und 43° und Sparrendächern mit einer Neigung von ca. 30° bis 60° unterschieden.

Bei Sparrendächern wird die Last in Richtung der Sparren, also schräg, auf die Fußpunkte aufgetragen, die damit auch Horizontalkräfte aufnehmen müssen. Statisch unzureichende Bemessung oder Alterung der Konstruktion, insbesondere Durchfeuchtung, führen zu massiven Schäden am gesamten Dach.

Das Kehlbalkendach ist eine Variante des Sparrendachs bei Sparrenlängen über 4,50 m. Das klassische Kehlbalkendach hat ein verschiebliches System, d. h., bei Windlasten oder Ähnlichem kann es zu Verschiebungen der Dachkonstruktion kommen. Ein unverschiebliches System wird erreicht, wenn die Kehlbalkenlage als liegende Scheibe ausgebildet und mit den Giebelwänden verbunden wird.

Beim Pfettendach werden die Lasten vertikal über die waagerechten Pfetten und die senkrechten Stützen abgeleitet, wobei die Fußpunkte der Sparren in beide Richtungen fixiert werden.

Ist die Tragfähigkeit der Dachkonstruktion durch Alterung, Feuchte, Schädlingsbefall etc. geschädigt, muss sie durch entsprechende zusätzliche Konstruktionshölzer ergänzt werden.

Bild 11: *Ertüchtigung der Dachkonstruktion durch zusätzliche Bauteile. (Quelle: Ingrid Kaiser)*

Eine neuere Variante ist das Massivdach, vorwiegend wegen der Dämmeigenschaften aus Poren- oder Leichtbeton, aber auch aus Ziegeln oder Stahlbetonelementen in Verbindung mit entsprechender Dämmung. Die Brand- und Schallschutzeigenschaften sind hier besser als bei Holzkonstruktionen. Darüber hinaus bietet die Montage eine Zeitersparnis gegenüber der „klassischen“ Dachkonstruktion.

Soweit nicht durch äußere Einflüsse wie Hagel, Sturm oder Sonstige Beschädigungen auftreten, nehmen Feuchteschäden den größten Raum ein. Sie entstehen durch unzureichenden Witterungsschutz ebenso wie durch Tauwassereinträge. Feuchtigkeit führt zum Verrotten der Holzkonstruktion und damit mindestens der Beeinträchtigung der Tragfähigkeit.

Im Zusammenhang mit Feuchtigkeit ist zusätzlich das Wachstum von Pilzen und Schimmelbildung unabwendbar. Dies lässt sich durch die im Folgenden dargestellten bauphysikalischen Maßnahmen verhindern.

Der Holzschutz allgemein ist bei zimmermannsmäßigen Dachkonstruktionen unumgänglich. Unterschieden werden vorbeugende Maßnahmen mit chemischen oder konstruktiven Mitteln und bekämpfende, z. B. bei Insektenbefall. Gem. DIN 6880 „Holzschutz“ müssen statisch beanspruchte Holzteile zusätzlich durch chemische Maßnahmen geschützt werden. Im Wesentlichen handelt es sich hierbei um den Schutz gegen Pilze, Insekten und ähnliche Holzschädlinge.

Das Einnisten von Tieren, insbesondere Mardern, führt zur Zerstörung der Dämmungs- und Dichtungsbahnen. Im schlimmsten Fall bauen sie aus der Wärmedämmung ihre Nester und vermehren sich. Da sie unter Naturschutz stehen, dürfen sie nur vergrämt, aber nicht getötet bzw. in Fallen gefangen werden.

Bild 12: *Zerstörung durch eine Marder-Familie (Quelle: Ingrid Kaiser)*

Um Marderbefall zu vermeiden, hilft es oft, direkt am Gebäude stehende Bäume, die den Tieren als „Einstiegshilfe“ zum Dach dienen, zu fällen oder mindestens weitgehend in Dachrichtung zu beschneiden.

Als Kaltdächer werden solche bezeichnet, die oberhalb der Dämmebene über eine Luftschicht verfügen, die von der Traufe bis zum First einen Hohlraum aufweisen, über den eingedrungene Feuchtigkeit entweichen kann, während bei Warmdächern die Konstruktion vollständig mit Dämmung ausgefüllt ist. Unterhalb der Dachdeckung befindet sich bei beiden Konstruktionen eine Lüftungsebene.

Wird der Dachraum nicht genutzt und ist die darunterliegende Geschossdecke gem. DIN 4108-2 gedämmt, ist in der Regel die gewünschte Nutzung des Dachgeschosses Anlass zu entsprechenden Maßnahmen. Zunächst muss entschieden werden, ob auch die Dachdeckung erneuert werden muss. In diesem Fall kann die Zwischensparrendämmung, die aufgrund der Abmessungen der Sparren bei älteren Gebäuden energetisch nicht ausreicht, durch eine Aufsparrendämmung ergänzt werden. Sind Dachdeckung und Unterdach in einem akzeptablen Zustand, wird die Zwischensparrendämmung durch Untersparrendämmung an die erforderlichen Dämmwerte angepasst.

Ist dagegen das Dachgeschoss bereits ausgebaut und genutzt, ist der Aufwand der Dämmung von innen relativ groß und kostspielig. Bei voller Funktionsfähigkeit der Dachdeckung kann diese entfernt und nach Aufbringung der Aufsparrendämmung und ggf. Anpassung des Unterdachs wiederverlegt werden.

Ist beim belüfteten Dach (Kaltdach) die Abführung von Feuchtigkeit aus der Holzkonstruktion oder durch Wasserdampfdiffusion nicht gewährleistet, wird die Tragkonstruktion gefährdet. Besonders im Bereich der Traufe ist der Übergang der Dampfsperren/-bremsen und Luftdichtheitsschichten häufig Ursache. Ebenso führen unzureichende Abklebungen der Längsstöße von weichen Dämmmaterialien zu Unterbrechungen der Luftdichtheit.

Weiterhin wurde durch Untersuchungen des Fraunhofer Instituts für Bauphysik (Th. Großkinsky, H. Gottschling, K. Sedlbauer, H.-P. Leimer, „Durchfeuchtungsgefahr bei nicht ausgebauten Dachgeschossen“, IPB-Mitteilung 27) festgestellt, dass bei Ausrichtung der Dachflächen nach Nord und Süd im Winter auf der Nordseite die Holzfeuchte der Sparren anstieg und durch Sonneneinstrahlung auf der Südseite warme Luft in den kälteren Dachraum eindrang und zur Tauwasserbildung führte.

Auch beim unbelüfteten Dach (Warmdach) ist dem Traufbereich besondere Aufmerksamkeit zu schenken. Ist bspw. die Dachschalung im Bereich Außenwand/Dachüberstand unterbrochen, kann die Luftdichtheitsbahn nicht durchgängig verlegt werden.

Werden Innenwände bis zur Oberkante der Sparren gemauert, entsteht eine häufig anzutreffende Wärmebrücke. Auch Fehlstellen innerhalb der Wärmedämmschicht entstehen häufig an Anschlusspunkten, da das lückenlose Verlegen kompliziert und zeitaufwendig ist, z. B. im Traufbereich im Anschluss der Dachdämmung an die Außenwanddämmung.

Zur Einschätzung des Umfangs und der Bereiche mit unzureichender Dämmung ist zunächst die Thermografie empfehlenswert. In der Regel müssen dann zusätzliche Wärmedämmschichten angebracht werden. Geschieht dies innenseitig, können die Wärmebrücken durchdringender Innenwände nicht beseitigt werden, während dies bei außen liegender Dämmung vollständig möglich ist.

Beim Dach ist es entscheidend, in welcher Ebene die Dämmung angebracht wird: Je nachdem, ob es sich um Zwischensparren-, Aufsparren-, Untersparren-Dämmung oder eine Kombination handelt, liegt die Luftdichtheitsebene auf oder unter den Sparren. Da die zimmermannsmäßige Holzkonstruktion dem Quellen und Schwinden des Baustoffs Holz ausgesetzt ist, müssen die Folien an der Unterseite der Dämmung an allen Anschlusspunkten so ausgebildet werden, dass sie die Bewegungen ohne Reißen bewältigen. Dies geschieht in der Regel durch Schlaufenbildung. Wird die luftdichte Folie mit Klammern angebracht, darf sie nicht durchgeschlagen werden und nicht ausgerissen sein. Im Zweifelsfall müssen die entsprechenden Stellen mit geeignetem Klebeband gesichert werden. Besonders bei weichen Dämmmatten stellen die Stöße kritische Bereiche dar, da die Klebebänder unter Umständen nicht ausreichend fest angedrückt werden können.

Der Übergang von Wänden zum Dach erfordert sowohl bei Außen- wie bei Innenwänden – beim Übergang zum nicht beheizten Dachraum – besondere Maßnahmen zur Erstellung der Luftdichtheit. Häufig stellt hier die Durchgängigkeit der Luftdichtheitsebene das größte Problem dar.

Eine weitere Fehlerquelle sind nachträgliche Aussparungen, bspw. für den Einbau von Beleuchtungsmitteln. In einem Dachgeschoss-Badezimmer wurde nach dem Einbau von Deckenstrahlern durch Zerstörung der Luftdichtheitsebene bei gleicher Heizleistung eine ca. 5 °C niedrigere Raumtemperatur gegenüber dem ursprünglichen Zustand erreicht.

Das nachträgliche Wiederherstellen von Unterbrechungen der Luftdichtheitsschicht ist i. d. R. aufwendig, da evtl. vorhandene innere Bekleidungen komplett entfernt werden müssen.

Muss die luftdichte Dampfsperre/-bremse komplett neu angebracht werden, ist darauf zu achten, dass alle Durchführungen wie Elektroleitungen etc. sowie einbindende, durchdringende und angrenzende Bauteile ebenfalls angeschlossen werden.

Bei Einschränkungen der Belüftungsquerschnitte beim belüfteten Dach können diese ggf. durch nachträgliche Zu- und Abluftöffnungen und das Entfernen bzw. Komprimieren der einschränkenden Dämmungen wiederhergestellt werden. Ist dies nicht möglich oder zu aufwendig, bietet sich eine „Umwandlung" in ein unbelüftetes Dach an, was auch die Erreichung der Luftdichtheit erleichtert.

Steildächer unterscheiden sich von Flachdächern insbesondere dadurch, dass die Dacheindeckung nicht wasserdicht ist. Daher müssen entsprechende Unterspann- bzw. Unterdeckbahnen oberhalb der Dämmebene eingebaut werden, die auch die Wind- und Schlagregendichtheit gewährleisten. Unterspannbahnen hängen frei zwischen den Sparren und gewährleisten so die Luftzirkulation unterhalb. Unterdeckbahnen liegen auf festen Untergründen auf und müssen daher diffusionsoffen sein, um das Diffundieren von Feuchtigkeit innerhalb der Dämmung nach außen zu gewährleisten. Beide Elemente werden auch als Unterdächer bezeichnet, obwohl hierunter im eigentlichen Sinn eine Schalung aus Holz oder Holzwerkstoffen zu verstehen ist, die erhöhte Winddichtigkeit gewährleistet.

Ähnlich wie die Einlagerung von Feuchtigkeit von innen durch Tauwasserbildung treten beim Eindringen von Regenwasser bzw. Schnee Feuchtigkeitsschäden auf, die bis zur statischen Bedenklichkeit der gesamten Tragkonstruktion führen. Darüber hinaus wird die Wärmedämmung durchfeuchtet und somit unwirksam und es entstehen weitere Beschädigungen durch Feuchtigkeit in den darunterliegenden Gebäude-/Bauteilen.

Die Materialien der **Dachdeckung (KG 363)** sind im Wesentlichen abhängig von der Dachneigung, um den Anforderungen, insbesondere der Ableitung von Regenwasser, zu genügen. Hierbei wird zwischen flachgeneigten Dächern mit einer Neigung zwischen 3° und 30° und Steildächern mit einer Neigung ab 30° unterschieden. Dachziegel und Dachsteine können ab einer Dachneigung von 12°, Schiefer- und Faserzement-Platten ab 25° verwendet werden.

Durch regelmäßige Wartung kann die Lebensdauer wesentlich erhöht werden. Hierzu gehören insbesondere Reinigungsarbeiten wie Beseitigung von Ablagerungen, Bewuchs oder Ähnlichem auf der Dachdeckung, Reinigung der Dachrinnen und Fallrohre, Reinigung von Be- und Entlüftungsöffnungen, aber auch die Erneuerung von Verschleißteilen, d. h. Ausbesserung von Bereichen mit geringer Lebensdauer wie z. B. Fugendichtungsmassen. Bemoosung kann auf Dauer zum Bruch der Ziegel oder Dachsteine führen.

Bild 13: *Unzureichende und nicht gereinigte Rinne, Bemoosung der Dachdeckung (Quelle: Ingrid Kaiser)*

Bild 14: *Schäden am Mauerwerk unterhalb einer defekten Rinne (Quelle: Ingrid Kaiser)*

2.3 Schadensbilder an Baukonstruktionen und Baustoffen

2.3.1 Schäden an Abdichtungen

Bauteile der Kostengruppen 336, 331 und 332

Allgemeine Grundsätze zu Abdichtungen

Bei Abdichtungen handelt es sich in aller Regel um Abdichtungen des Bauwerks gegen das Eindringen von Feuchtigkeit/Wasser, Dachdichtungen und Abdichtschichten in Bodenflächen wie unter Fliesen und Platten. Die normativen Anforderungen sind in DIN- bzw. den Fachregeln des Handwerks geregelt.

Unter Bauwerksabdichtung versteht man die Abdichtung von nicht wasserdichten Bauwerken oder Bauteilen gegen Bodenfeuchte, nicht drückendes Wasser und von außen oder innen drückendes Wasser mit Abdichtstoffen, wie Bitumenbahnen und -massen, Kunststoff- und Elastomer-Dichtungsbahnen, Metallbändern, Asphaltmastix und kunststoffmodifizierten Bitumendickbeschichtungen und den für ihren Einbau erforderlichen Werkstoffen für das Herstellen der Abdichtungen über Bewegungsfugen, für Durchdringungen, Übergänge und Abschlüsse nach DIN 18195-9 sowie für Schutzschichten und Schutzmaßnahmen bei begrünten Dachflächen.

Dachabdichtungen sind Abdichtungen für nichtgenutzte Dächer aus bahnenförmigen Stoffen oder Dickbeschichtungen sowie auch für Abdichtungen von extensiv begrünten Dachflächen und Balkonen bzw. Terrassen.

Schäden an Abdichtungen

Dachdichtungen

Dachdichtungen sind grundsätzlich Abdichtsysteme in Flachdächern. Häufige Schadensbilder sind auf Fehler in der Ausführung zurückzuführen. Dies sind u. a. fehlerhafte Ausführung der Verklebungen meist durch unzureichende Überdeckung der Anschlüsse oder nicht fachgerecht ausgeführte Schweißnähte, unzureichende Abdichtungen im Bereich der Durchdringungen, wie Dacheinläufe, Lüftungshauben u. Ä. Dies führt in der Regel zu Rissen und Aufplatzungen, in die Wasser in die darunterliegenden Schichten eindringen kann.

Weiterhin kommen fehlerhafte Ausbildungen der Aufbordungen und Wandanschlüsse oder fehlende Diffusionshauben in Betracht. Der fehlende Diffusionsausgleich hat in den meisten Fällen Aufwölbungen bzw. Faltenbildung, ggf. mit Rissbildungen, zur Folge.

In Einzelfällen wurden die Verbindungen zum Untergrund nicht ordnungsgemäß ausgeführt, was die Gefahr der Windverfrachtung oder im Extremfall die komplette Ablösung der Dachhaut zur Folge haben kann. Zunehmend auftretende Schadensfälle sind die Versprödung der Dachfläche, vergleichbar Schwindrissen, infolge der UV-Belichtung durch die Sonneneinstrahlung. Diese führt zu einer „Auslaugung“ der Abdichtstoffe und zu Rissbildungen.

Bild 1: *Schwindrissbildung und beginnende Bemoosung (Quelle: Manfred Kranz)*

Bild 2: *Schwindrissbildung und Abriss der Verklebung (Quelle: Manfred Kranz)*

Ein Schutz der Dachfläche durch Bekiesung in geeigneter Korngröße oder eine Dachbegrünung als UV-Schutz ist daher geboten.

Dabei ist die Dachtragkonstruktion entsprechend den damit verbundenen Lasten auszubilden.

Außerdem wurde zunehmend ungewollter Bewuchs durch Algen und Flechten, vergleichbar der Betonflechte mit ähnlichem Erscheinungsbild, in feuchtebelasteten Bereichen (Pfützenbildung infolge mangelnder Wasserableitung durch nicht ausreichendes Gefälle zum Einlauf) festgestellt. Eine fachgerechte Dachsanierung ist in allen Fällen angeraten.

Sofern eine Begehbarkeit der Dachfläche vorgesehen und notwendig ist, muss eine zweckmäßige Anordnung von Verkehrswegen erfolgen. Bei begrünten Dachflächen ist auf den Durchwurzelungsschutz zu achten.

Maßnahmen der Bauwerksabdichtungen zur Schadensverhütung und -beseitigung

Bauwerksabdichtungen sind Abdichtsysteme gegen von außen auf das Bauwerk einwirkende Wasserbelastungen. Im erdberührenden Bereich werden diese in der Regel als Perimeterdämmung ausgeführt. Auf die Ausführung als sogenannte „weiße Wanne" wird hier nicht weiter eingegangen. Zur Bauwerksabdichtung ist die Sperrung gegen aufsteigende Feuchte einzubeziehen.

Bei der Bestimmung der Art des Abdichtsystems im erdberührenden Bereich ist unbedingt auf die Baugrund- und hydrologischen Verhältnisse zu achten, insbesondere auch auf die Wirkung wasserführender Schichten und der sich darauf ggf. sammelnden Niederschläge. Ebenso ist eine fachgerechte Untergrundvorbereitung für das einzusetzende Abdichtsystem unabdingbar.

Beim Einbau der Abdichtstoffe einschließlich der Dickbeschichtungen sind zwingend scharfe Kanten und nicht ausgerundete Kehlen zu vermeiden, da an diesen Stellen Risse entstehen, die das Eindringen von Wasser ermöglichen. Feuchteschäden sind damit vorprogrammiert. Demgemäß sind die Kanten abzurunden und eine sogenannte „Flaschenkehle", d. h. eine ausgerundete Kehle, auszuführen.

Bei aufsteigender Feuchte ist die zwingende Verbindung mit der Abdichtung im erdberührenden Bereich zu beachten. Fehlt diese, ist mit Durchfeuchtung der Wandflächen durch eindringendes Wasser mit aufsteigender Feuchte zu rechnen. Hier kommt es bei keramischen Baustoffen (wie Ziegelmauerwerk) zum Kapillartransport von Wasser.

Diesem muss durch Sperrschichten, wie Bitumenbahnstreifen, Edelstahleinlagen bei hochwertigen Bauwerken mit besonderem Schutzbedürfnis, oder durch Vergelung mittels Injektion von meist Kunststoff-modifizierten Injektionsstoffen Einhalt geboten werden. Dies erfolgt je nach Saugvermögen der in der Wand verwendeten Baustoffe drucklos oder mittels Druck. Zur Bestimmung des Injektionsverfahrens ist ein Spezialist hinzuzuziehen.

Abdichtung von erdberührten Bauteilen

In Bestandsbauten ist häufig an Kellerwänden und -böden sowie Fundamenten entweder keine Abdichtung vorhanden oder diese ist aufgrund mangelnder Instandhaltung nicht mehr funktionsfähig.

Bild 3: *Stark bemooster Sockel durch Feuchte (Quelle: Ingrid Kaiser)*

Auch die Ableitung von Regenwasser kann durch verstopfte oder defekte Rohrleitungen zu Durchfeuchtungen führen. Bei lang andauerndem Feuchte-Einfluss können Schimmelpilz- und Bakterien-, ggf. auch Schwammbefall auftreten. Dies kann bis zur völligen Zerstörung der Bauteilschicht führen. Dadurch ist auf Dauer die gesamte Bausubstanz gefährdet. Die Schimmelpilze zersetzen schließlich die tragenden Bauteile, sodass deren Standfestigkeit gefährdet ist. Vor der Ausführung weiterer Sanierungsmaßnahmen ist eine Trockenlegung (s. Kap. 2.1.2.) der betroffenen Bauteile erforderlich, wobei darauf geachtet werden muss, dass keine Schimmelpilz-Sporen freigesetzt werden.

Bild 4: *Schimmel-Bildung durch wiederkehrende Wanddurchfeuchtung (Quelle: Ingrid Kaiser)*

Um die Art der Feuchte-Belastungen festzulegen, ist ein hydrogeologisches Gutachten erforderlich, da sich hieraus die erforderlichen Abdichtungsmaßnahmen ableiten. Da hierauf auch bei neueren Gebäuden aus Kostengründen häufig verzichtet wird, entstehen auch hier Feuchte-Problematiken. Ist ein vorliegendes Gutachten zwar vorhanden aber viele Jahre alt, können zwischenzeitlich Grundwasser-Veränderungen eingetreten sein, die bei Abdichtungsmaßnahmen berücksichtigt werden müssen.

Wenn die Ursachen für die Durchfeuchtungen nur durch Inaugenscheinnahme ohne zerstörende Prüfungen nicht abschließend geklärt werden können, empfiehlt sich zusätzlich eine Kamera-Befahrung der Grundleitungen, wodurch Schäden und/oder Verstopfungen erkannt werden können.

Bild 5: *Von außen eindringendes Wasser durch defekte Regenwasserableitung (Quelle: Ingrid Kaiser)*

Im Anschluss an die Trocknung müssen bei Schimmel- oder anderem Befall die betreffenden Baustoffe (noch vorhandener Putz, ggf. oberste Schicht der Wandinnenseiten) komplett entfernt und anschließend - nach weiteren Maßnahmen - ersetzt werden. Wegen des Anfalls von Staub und Schimmelpilz-Sporen in der Luft müssen unbedingt entsprechende Schutzmaßnahmen – gemäß den Vorschriften der Deutschen Gesetzlichen Unfallversicherung (DGUV) und der Berufsgenossenschaft der Bauwirtschaft (BGBau) – eingehalten werden. Das Abfallmaterial ist luftdicht zu verpacken, anschließend aus dem Gebäude zu entfernen und direkt zu entsorgen.

Bei älteren Gebäuden kann eine vorhandene senkrechte Abdichtung Teer enthalten, so dass zunächst – unter Berücksichtigung der entsprechenden Schutzmaßnahmen – das Strahlen oder Entfernen mittels Wärme oder chemischer Mittel dieser Schicht erforderlich ist; besteht die vorhandene Abdichtung aus Bitumen und ist sie fest mit dem Mauerwerk verbunden, muss eine geeignete Kontaktschicht aufgebracht werden.

Sanierputze (R) werden bei durchfeuchtetem und damit salzbelastetem Mauerwerk verwendet. Sie haben eine hohe Porosität mit mehr als 40 Volumen-%, geringe Kapillarität sowie hoher Wasserdampf-Diffusionsfähigkeit und sind resistent gegen schädliche Salze. Die durch die Feuchtigkeit gelösten Salze des Untergrunds können so in die Poren eindringen und dort auskristallisieren, werden jedoch nicht an der Oberfläche sichtbar.

Bei geringer Salzbelastung reicht der Auftrag eines ein- oder mehrlagigen Sanierputzes mit einer Mindestschichtdicke von 2 cm insgesamt und 1 cm je Lage in der Regel aus. Ist die Belastung durch bauschädliche Salze höher, ist ein Sanierputzsystem sinnvoll. In einigen Fällen ist es sinnvoll, zunächst einen sogenannten Opferputz aufzubringen, der einerseits das Bauteil vor weiterem Eindringen von Feuchtigkeit schützt und andererseits die Salze aufnimmt und dann nach Sättigung abgeschlagen wird. Bei hoher Salzbelastung sollte der Opferputz mindestens ein Jahr stehen, damit die Salze möglichst vollständig aufgenommen werden können. Ähnlich wirken entsprechende Kompressen, die gegebenenfalls mehrmals auf einzelne befallene Stellen im Mauerwerk aufgebracht werden und ca. vier Wochen wirken müssen. Im Anschluss kann die erforderliche Abdichtung gemäß Wassereinwirkungsklasse dauerhaft aufgebracht werden.

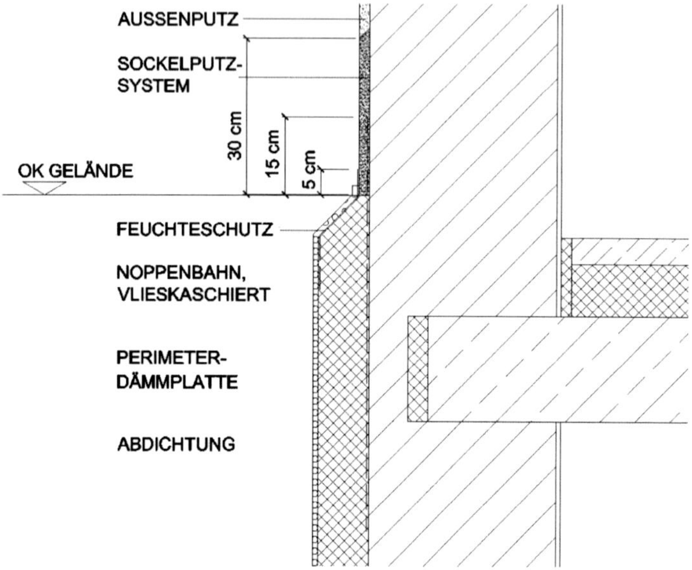

Bild 6: *Sockelanschluss (Quelle: Ingrid Kaiser)*

Ist eine Abdichtung von außen nicht möglich oder wird sie als zu kostenintensiv eingeschätzt, kann die Abdichtung auch von innen erfolgen. Um zu verhindern, dass die noch vorhandene und gegebenenfalls in der Zukunft eindringende Feuchte (z. B. durch die Gründung bzw. Bodenplatte) von unten eindringt und durch Kapillarwirkung nach oben steigt, empfiehlt sich der Einbau einer Horizontal-Sperre. Von einer mechanischen Sperre – durch Einschneiden der Außenwände und Einlegen von Blechen – ist bei bereits geschädigter Bausubstanz abzuraten.

***Bild 7:** Durch Kapillar-Wirkung aufsteigende Feuchte in Treppenhaus-Wand. (Quelle: Ingrid Kaiser)*

Mittels Injektionsverfahren kann z. B. Paraffin in die Außenwände eingebracht werden. Hierbei werden nach dem Entfernen noch vorhandener Putzschichten und loser Oberflächen-Teile bis min. 0,50 m oberhalb der Durchfeuchtung Bohrlöcher unter 45° in Abständen von ca. 12,5 bis 25 cm gebracht. Bei starker Salz-Belastung müssen bei Mauerwerk die Fugen ausgekratzt werden. Das hydrophobierende Abdichtungsmittel wird anschließend mit Niederdruck in die Bohrlöcher injiziert. Zur weiteren Abdichtung können nach dem Neuverfugen eine Schlämme und ein Haftspritz-Bewurf vor dem endgültigen Verputzen aufgebracht werden.

Damit Feuchtigkeit auch nicht von unten durch die Bodenplatte eindringen kann, müssen Risse zunächst mit entsprechenden Harzen geschlossen werden. Um den dichten Anschluss der Abdichtung von der Wand zur Bodenplatte sicherzustellen, wird vorhandener Estrich ca. 0,25 m von der Wand aus abgestemmt und der Anschluss zur Wand als Hohlkehle ausgeführt.

Das Neuverlegen einer Drainage kann die Feuchte-Belastung zusätzlich verringern. Ist eine Drainage bereits vorhanden, müssen auch hier die Rohre auf Defekte und Funktionsfähigkeit untersucht werden.

Selbst nach kompletter Trockenlegung des Kellergeschosses sollte regelmäßiger Luftaustausch durch Lüftung gewährleistet werden. Lüften ist in den kühleren Jahreszeiten wesentlich effizienter als im Hochsommer. Gleichzeitig sollte die Raumtemperatur nicht dauerhaft unter 16° C sinken. Kontinuierliche Messungen von Innenraum-Temperatur und relativer Luftfeuchte unterstützen die Maßnahmen.

2.3.2 Schäden an Betonkonstruktionen

Bauteile der Kostengruppen 330, 333, 343, 351, 354, 361

Schadensursachen

Wegen seiner günstigen Eigenschaften – wirtschaftlich, dauerhaft und beliebig formbar – ist Beton mittlerweile der am häufigsten in der Bauwirtschaft verwendete Baustoff. Häufig wird er auch als Alternative zu Holz- und Stahlkonstruktionen im Tragwerk von Bauwerken in Form von bewehrtem Beton (Stahlbeton) eingesetzt. Viele moderne Bauaufgaben sind erst mithilfe des Einsatzes von Beton bzw. zemententhaltenden Baustoffgemischen, wie Estrich und Zementmörtel, technisch lösbar geworden und der planerische Freiraum des Architekten erweitert sich erheblich.

Andererseits gibt es zweifellos schlecht gestaltete und mangelhaft ausgeführte Bauwerke; daran ist aber nicht der Baustoff schuld, sondern die unzureichenden Planungsvorgaben, wie falsche Betongüte bzw. -eigenschaften, wie Sulfat- und Alkaliresistenz, falsche Bestimmung des Wasser-Zement-Faktors (WZ-Faktor), nicht zweckmäßige Zusammensetzung der Zuschlagstoffe, zu geringe Betondeckung über der Bewehrung, d. h. zu dünne Schutz-/Passivierungsschicht zum Schutz der Bewehrung oder zu hohe Wärmeentwicklung bei massiven Bauteilen – Hydratationswärme – (wie Maschinenfundamente u. Ä.) bei deren Herstellung.

Abgesehen davon gibt es eine Reihe von Verarbeitungsfehlern, wie mangelhafte Ausführung von Betonierabschnitten, zu große Fallhöhe beim Einbringen von Beton in die Schalung, zu lange Transport- und Verarbeitungszeiten, bzw. Einsatz nicht geeigneter Zuschlagstoffe.

Ausgewählte Schadensbilder zu Betonkonstruktionen

Bild 8: *Rostfahnen infolge der Verwendung eisenhaltiger Zuschlagstoffe (Quelle: Manfred Kranz)*

Die gewachsene Zahl von Schäden insbesondere an Außenbauteilen aus Stahlbeton geht in starkem Maße auf eine mangelnde Beachtung dieser Zusammenhänge zurück.

Das gilt besonders für die oft nicht ausreichende Beachtung der normativen Festlegungen in Abhängigkeit von den Umweltbedingungen für die Betondeckung über der Bewehrung. Darüber hinaus wird in diesem Zusammenhang außerdem häufig eine verschärfte Schadstoffbelastung aus der Atmosphäre oder umgebenden Medien, wie Wasser, genannt.

Diese Belastungen wirken, wenn überhaupt, jedoch vor allem in längeren Zeiträumen, woraus dann die Möglichkeit des Entstehens von Spätfolgen, wie Korrosion der Bewehrung verbunden mit Abplatzungen, wahrscheinlich wird.

Darüber hinaus können Schädigungen der Bewehrung durch erhöhte Chloridbelastung, den sogenannten Lochfraß, eintreten. Dieser ist als besonders gefährlich anzusehen, da er den Querschnitt der Bewehrung schwächt und damit die Aufnahme der Zugspannungen minimiert oder im Extremfall nicht mehr sicherstellt.

Dann besteht die Gefahr des Bauteilversagens.

Korrosion der Bewehrung im Stahlbeton

Der Korrosionsschutz der Bewehrung wird maßgeblich vom pH-Wert des umgebenden Betons bestimmt. Dabei muss von dem chemischen Grundsatz „Gleichstarke Säuren werden durch gleichstarke Basen neutralisiert" ausgegangen werden.

Da Rost chemisch gesehen ein Salz ist, entfaltet nach dem Grundsatz „Säuern bilden Salze" dieser Neutralisationsvorgang seine Schutzwirkung.

Beton ist in der verarbeiteten Form als stark basisch einzustufen. Diese basische Wirkung nimmt schon kurz nach dem Mischvorgang eine Größe von mehr als pH = 12,5 an, weil alkalische Bestandteile aus dem in der Betonmischung enthaltenen Zement in Verbindung mit dem Anmachwasser eine basische Lösung ergeben. Verantwortlich dafür ist im Wesentlichen das sogenannte freie Kalkhydrat (Calciumhydroxid). Dieser Stoff ist dem in der Bauwirtschaft bekannten Löschkalk vergleichbar. Auch das Wasser in den Poren des erhärteten Zementsteins weist anfangs stets den hohen pH-Wert einer gesättigten Calciumhydroxidlösung auf.

In diesem Milieu (bei pH-Werten über 8,5 bis ca. 12,8) bildet sich auf der Bewehrungsoberfläche eine schützende Passivierungsschicht aus, die den Stahl auch bei Hinzutritt von Feuchtigkeit und sauren Medien zuverlässig vor Korrosion schützt. Solche sauren Medien können aus den in der natürlichen Umwelt existierenden gasförmigen Stoffen, wie Schwefel- oder Stickstoffoxide bzw. Kohlendioxid (ggf. auch als Verbrennungsprodukte) und deren wässrige Lösung, bestehen. Die Wirkungen solcher Stoffe, als Langzeitwirkung, sind den Wirkungen der daraus bestehenden Säuren, wie Schwefelsäure, Salpetersäure oder Kohlensäure, um die wichtigsten zu benennen, vergleichbar.

Trocknet der erhärtete Beton aus, so kann die Kohlensäure (Kohlendioxid der Luft in wässriger Lösung) in die sehr feinen Poren des Zementsteins eindiffundieren und dort mit dem Calciumhydroxid zu Calciumcarbonat (chemisch gesehen = Kalkstein, und damit chemisch neutral) reagieren. Dadurch sinkt der pH-Wert der Porenwasserlösung im Zementstein und das bisher hochalkalische Milieu wird von außen her langsam neutralisiert. Die Neutralisationsgeschwindigkeit nimmt je nach Eindringtiefe stark ab und bildet eine zwar chemisch neutrale, aber auch schützende Schicht.

Deshalb kann es zu Rostbildung an der Bewehrung kommen, muss aber nicht, wenn die Betondeckung ausreichend bemessen ist und sich die zugrunde gelegten Umweltbedingungen nicht wesentlich geändert haben. Tritt Letzteres ein, sollte die Betondeckung verstärkt werden, um Schadensentwicklungen zu be- bzw. verhindern.

Bei dem unter natürlichen Verhältnissen vorliegenden CO_2-Gehalt von ca. 0,03 Vol.-% in Verbindung mit Feuchte in der Außenluft kann der pH-Wert über die Zeit auf unter 8,5 sinken, was den Verlust der Rostschutzfunktion bedeutet. Dafür verantwortlich ist das Abbinden des freien Kalkhydrats zum chemisch neutralen Calciumcarbonat.

Diesen von außen in das Innere des Betons fortschreitenden Vorgang bezeichnet man als Carbonatisierung, und die oberflächennahe Schicht, in der diese Reaktion stattgefunden hat, als carbonatisierte Schicht. Obwohl die physikalischen Stoffeigenschaften des Betons selbst (wie z. B. Festigkeit und Dichtigkeit) durch die Carbonatisierung nicht nachteilig verändert werden, bleibt die den Bewehrungsstahl schützende Passivschicht in einer carbonatisierten Umgebung nicht stabil, d. h., es kann zur Korrosion der Bewehrung kommen, wenn gleichzeitig Feuchtigkeit und saure Medien zur Verfügung stehen.

Örtliche Zerstörungen der Passivschicht können aber auch – und zwar unabhängig vom pH-Wert des umgebenden Betons – von Chloriden verursacht werden, die in gelöster Form durch das Kapillarporensystem oder durch Risse an die Bewehrung gelangen und dort die sogenannte „Lochfraßkorrosion“ bewirken.

Dieser Fall ist im Fassadenbereich im Allgemeinen nicht zu erwarten, betrifft jedoch in stärkerem Maße Verkehrsbauwerke (z. B. Parkdecks, Personentunnel im feuchten erdberührenden Bereich), die z. B. direkt oder durch aufgewirbelten Sprühnebel mit chloridhaltigen Auftaumitteln (Tausalze oder flüssige Auftaumittel) in Berührung kommen.

Auch PVC-haltige Brandgase kommen als Verursacher von Chloridkorrosion infrage. Als Haupteinflüsse auf die Carbonatisierung sind im Wesentlichen die vier folgenden Faktoren anzusehen:

1. Umweltbedingungen (CO_2-Gehalt der Luft, relative Luftfeuchte)
2. Betonzusammensetzung (Zementgehalt, Wasserzementwert)
3. Hydratationsgrad (Nachbehandlungsdauer)
4. Zeit (Zunahme des Carbonatisierungsfortschritts mit zunehmendem Betonalter).

Bei der Beurteilung von Chloridkonzentrationen im Randbereich bewehrter Betonbauteile geht man in der Regel davon aus, dass Werte bis zu 0,4 Masse-% (bezogen auf den Zementgehalt des Betons) für die Bewehrung korrosionsunschädlich sind, da diese Mengen noch im Zementstein chemisch gebunden werden können. Für Spannbeton gelten nach den normativen Regelungen halbierte Grenzwerte!

Bei höheren Konzentrationen ist i. A. ein Abtrag der zu stark Chloridbelasteten Bewehrung in Form einer Querschnittsschwächung zu erwarten.

Ist aufgrund ungünstiger Umgebungsbedingungen eine Korrosion der Bewehrung zu befürchten, so muss in erster Linie durch besondere Einflussnahme auf die Betonzusammensetzung und die Nachbehandlung dafür gesorgt werden, dass Alkalität abbauende Luftschadstoffe (wie CO_2, SO_x oder NO_x) und Tausalzlösungen nicht innerhalb der Nutzungsdauer des Bauwerks bis zur Bewehrung vordringen können. Die Schutzwirkung ließe sich auch durch Hydrophobierung der Betonoberflächen als Schutz gegen eindringende Feuchte verbunden mit den darin gelösten Chemikalien unterstützen.

Es ist grundsätzlich immer davon auszugehen, dass Wasser, unabhängig in welchem Aggregatzustand, niemals chemisch rein vorkommt. Des Weiteren muss beachtet werden, dass Beton insbesondere nach 28 Tagen nicht vollständig abgebunden hat, Nacherhärtungszeiten bis zu 45 Jahren sind durchaus möglich. In dieser Zeit enthält das Baustoffgemisch immer noch reaktive Bestandteile.

Des Weiteren erfordert dies besonders in den oberflächennahen Bauteilschichten ein dichtes. kapillarporenarmes Betongefüge, ebenso aber auch eine ausreichend dicke Betondeckung.

Bei hoher Chloridbelastung ist darüber hinaus ein zusätzlicher Oberflächenschutz des Betons zweckmäßig.

Erkennen und Beurteilen von Oberflächenschäden an Betonbauteilen

Das frühzeitige Erkennen entstehender Schäden ist eine wichtige Voraussetzung für die Begrenzung des späteren Reparaturaufwands, da bei zunehmendem Schadensfortschritt eine immer größere Zahl von Schadensstellen einzeln freigelegt und arbeitsintensiv behandelt werden muss.

Die typischen Merkmale einer sich anbahnenden Schadensentwicklung sind in vielen Fällen auch für den Laien ohne Einsatz besonderer Hilfsmittel erkennbar.

Dies können dunklere Zonen erhöhter Porosität nach Einwirkung von Feuchtigkeit, Ausblühungen durch Tausalzanreicherung in ungeschützten Randbereichen von Verkehrs- oder Gebäudeflächen, Rostfahnen durch eisenhaltige Zuschlagstoffe, Aufwölbungen über rostender Bewehrung infolge fortgeschrittener Carbonatisierung, Schwindrisse wegen unsachgemäßer Verarbeitung oder als Spätfolge durch Auslaugung bei Wasserbelastung sein.

Rissbildungen in Betonkonstruktionen

Alle mineralisch gebundenen Baustoffe, insbesondere zementhaltige Baustoffgemische als reaktiver Hauptbestandteil in Beton, wie Zementestrich und Zementmörtel, verringern ihr Volumen beim Erhärten und Trocknen (Schrumpfen). Diesen Prozess bezeichnet man auch als Schwinden.

Der erhärtende Baustoff wird dabei durch den Untergrund, an dem er fest haftet, behindert. Diese Behinderung führt zu Zugspannungen und beim Überschreiten der Zugfestigkeit zu einem Rissbild mit hexagonaler Grundstruktur, daher die Y-förmigen netzartig ausgebreiteten Rissverzweigungen (Schwindrisse).

Die oftmals vertretene Auffassung, dass es keine rissfreien Beton- oder Estrichschichten gibt, ist im Grunde genommen falsch. Rissfreiheit ist eine Folge aus richtiger Zusammensetzung des Gemischs und fachgerechter Verarbeitung.

Weiterhin geht man in Fachkreisen auch davon aus, dass bzgl. der Schwindrissbildung ein Selbstheilungsvermögen bis zu Rissweiten von 0,1 mm zu berücksichtigen ist, da sich beim Erhärten nach der Anfangserhärtung Stoffe bilden, die ihr Volumen, wenn auch im eingeschränkten Maße, vergrößern und damit die Risse wieder schließen können.

Schwindrisse

Schwindrisse entstehen durch das Verdunsten von überschüssigem Anmachwasser sowohl bei der Verarbeitung als auch durch Auslaugung von abgebundenen Zementbestandteilen als Alterungserscheinung.

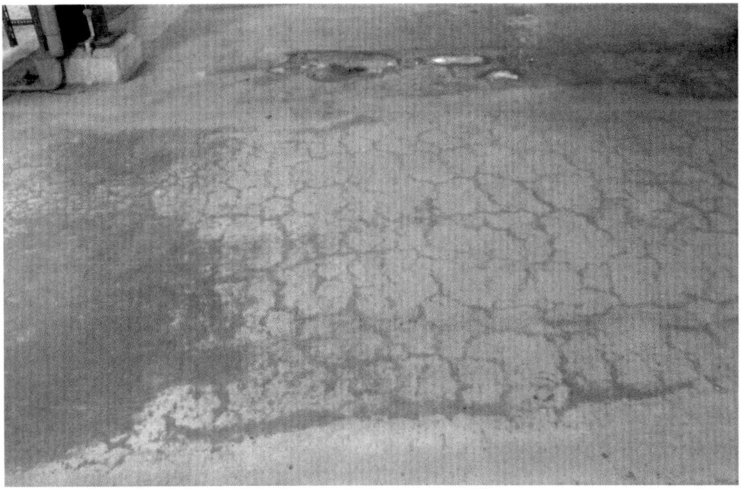

Bild 9: *Schwindrisse in der Bodenplatte (Quelle: Manfred Kranz)*

Durch Reduktion des Anmachwassers, genauer formuliert durch einen zu tiefen (geringen) Wasser-/Bindemittel-(Zement-)Faktor, kann das Schwinden reduziert werden. Die Reduktion des Anmachwassers ist jedoch nicht beliebig durchführbar, weil sonst das Baustoffgemisch zu trocken wird und nicht mehr fachgerecht verarbeitet werden kann.

Zum Abbinden von Beton ist zum einen genügend Wasser zur Sicherstellung des Abbindeprozesses als Hydratation und zum anderen zur Herstellung der für die Verarbeitung notwendigen Konsistenz sicherzustellen. Der zweite, konsistenzbedingte Wasseranteil ist dann die später verdunstende Baufeuchte.

Optimale Wasser-/Bindemittel-Faktoren können nur erreicht werden, wenn auch ein Zuschlagsstoff mit optimaler Korngrößenverteilung verwendet wird. In schwierigen Situationen kann der Wasser-/Bindemittel-Faktor durch Zusätze, sogenannte „Verflüssiger", und durch Luftporenbildner zusätzlich gesenkt werden.

Nicht nur bei den Materialkomponenten, sondern auch bei der Ausführung der Arbeiten muss der Entstehung von Schwindrissen vorgebeugt werden. Im Prinzip gilt, dass das Gemisch (Mörtel, Estrich, Beton) langsamer austrocknen muss, als es erhärtet.

Seine mit der Zeit zunehmende Materialfestigkeit liegt dann immer über der Beanspruchung durch Schwindkräfte. Deshalb muss eine forcierte Austrocknung am Bau vermieden werden. Dies bedeutet Vornässen von trockenem, stark saugendem Untergrund und Verzicht auf Verputz- oder Betonarbeiten bei heißem, windigem Wetter (wasserrückhaltende Zusätze können das Risiko in gewissem Umfang mindern). Gefahr droht auch bei kaltem, windigem Wetter. Wegen der sehr langsamen Erhärtung bei tiefen Temperaturen kann auch hier das Gemisch rascher austrocknen, als es erhärtet.

Das Auftragen von Bindemittel auf die Oberflächen erhöht das Schwindrisiko durch eine Bindemittel-(Zement-)Anreicherung an der Oberfläche.

Absolut unzulässig ist z. B. das Verdünnen von bereits angesteiften Zementgemischen mit Wasser, um die Verarbeitbarkeit zu erhöhen, oder das Bearbeiten der Grundputzoberfläche mit Wasser und Bürste.

Risse im Beton

Risse im Stahlbeton lassen sich nicht grundsätzlich vermeiden; ihre Breite muss jedoch auf ein unschädliches Maß beschränkt oder der Riss muss planmäßig geschlossen werden. Schädliche Risse beeinträchtigen die Tragfähigkeit, Gebrauchstauglichkeit und Dauerhaftigkeit von Betonbauteilen.

Zur Beurteilung der Auswirkungen und für die Wahl der richtigen Instandsetzung sind die unterschiedlichen Risstypen und deren Ursachen genau zu unterscheiden.

Darüber hinaus ist es wichtig, den Verlauf, die Tiefe und Breite der Risse festzustellen, um danach ihre Bedeutung für den Bauwerkszustand beurteilen zu können. Eine Risssanierung ist grundsätzlich, besonders bei Trennrissen, nur dann sinnvoll, wenn die auslösenden Faktoren beseitigt werden können bzw. die Rissbildung zum Stillstand gekommen ist.

Es wird zwischen oberflächennahen Rissen und Trennrissen unterschieden. Oberflächennahe Risse erfassen nur geringe Querschnittsteile und sind i. d. R. nicht Bauteil-durchdringend, ggf. durchdringen sie lediglich eine Bauteilschicht, wie Estrich oder einzelne Putzschichten. Trennrisse erfassen immer die wesentlichen Teile des Querschnitts, meist den Gesamtquerschnitt. Oberflächennahe Risse können beispielsweise in Bezug auf die Wasserdichtigkeit als Gebrauchseigenschaft unschädlich, jedoch hinsichtlich der Dauerhaftigkeit durchaus von Bedeutung sein.

Trennrisse sind in jedem Fall ungünstiger zu beurteilen.

Bild 10: *Abriss der nachträglich aufgebrachten Betonauflage (Quelle: Manfred Kranz)*

Oft kann die Entstehung von Rissen auf planerisch verursachte Entwurfsfehler (z. B. zu große Fugenabstände, unzureichende betontechnologische Maßnahmen, unvollständige oder falsche Bemessungsgrundlagen) und Ausführungsfehler (z. B. falsche Lage oder Anordnung der Bewehrungslagen, mangelhafte Verdichtung beim Einbau oder zu große Fallhöhen, unzureichende oder fehlende Nachbehandlung) zurückgeführt werden. Häufig ist jedoch davon auszugehen, dass mehrere Ursachen gleichzeitig infrage kommen.

Bild 11: *Fugenriss wegen fehlender Arbeitsfuge (Quelle: Manfred Kranz)*

Bestimmte Bauteile oder Bauwerksabschnitte können aufgrund ihrer Lage im Bauwerk, aufgrund des gewählten Bauablaufs, ihrer konstruktiven Durchbildung oder Abmessungen besonders rissanfällig sein. Besonderes Augenmerk ist daher auf Ausbildung von Arbeitsfugen, den Umgang mit massigen Bauteilen, die Anschlüsse von dicken Bauteilen an dünne Bauteile, die einspringenden Ecken und Querschnittssprünge und die Einleitungsbereiche großer, konzentrierter Kräfte zu richten.

Die Einflüsse von Rissen auf Tragfähigkeit, Gebrauchstauglichkeit und Dauerhaftigkeit sind von einem fachkundigen Planungsingenieur oder Gutachter zu beurteilen. Dieser hat die Ursache der Rissbildung zu ermitteln und Angaben über die Notwendigkeit und Art ihrer Behandlung zu machen.

Bei Rissbildungen infolge von Lasten und Zwang ist zunächst durch Überprüfung der Berechnungsannahmen zu klären, ob sie durch planmäßige oder durch unvorhergesehene Beanspruchungen entstanden sind.

Weiterhin ist von besonderer Bedeutung, ob eine rissauslösende Überbeanspruchung als einmalig oder wiederkehrend einzustufen ist. Trifft Letzteres zu, so besteht die Gefahr, dass der Beton nach Sanierung, meist zeitnah, neben einem anforderungsgerecht kraftschlüssig geschlossenen Riss wieder erneut aufreißt.

Lassen sich die Ursachen, die zur Rissbildung geführt haben, nicht abstellen (beispielsweise durch Anordnung einer wärmedämmenden Verkleidung zur Begrenzung Temperatur-bedingter Längenänderungen), so ist nur eine dehnfähige Verbindung der Rissufer/ Rissflächen auf längere Dauer erfolgversprechend.

Sofern Risse im Beton eine bestimmte Breite (im Mittel 0,1 bis 0,3 mm) nicht überschreiten, ist für den dauerhaften Korrosionsschutz der Bewehrung nicht die Rissbreite selbst, sondern vielmehr die Dicke und Dichte der Betondeckung in der Umgebung der Risse maßgebend.

Bild 12: *Rissbildung infolge rostender Bewehrung (Quelle: Manfred Kranz)*

Bild 13: *Abplatzung der Deckschicht infolge rostender Bewehrung (Quelle: Manfred Kranz)*

Bild 14: *Betonabplatzung an einer Stahlbetonstütze infolge rostender Bewehrung (Quelle: Manfred Kranz)*

Entsprechen beide Merkmale den normativ gestellten Anforderungen, so führen Risse quer zur Bewehrung bis etwa 0,4 mm und längs zur Bewehrung bis ca. 0,3 mm im Normalfall zu keiner wesentlichen Beeinträchtigung der Dauerhaftigkeit.

Allerdings kann auch schon bei geringeren Rissbreiten das Füllen von Rissen erforderlich werden, falls ein Bauwerk oder Bauteil besonderen Nutzungsbedingungen oder Schadstoffeinflüssen ausgesetzt ist. Nicht minder wichtig als die Rissbreite ist für den Erfolg einer Instandsetzungsmaßnahme bei noch beweglichen Rissen auch die Feststellung von Rissbreiten- und -längenänderungen.

Ihre Größe hat wesentliche Bedeutung für die Auswahl des geeigneten Verschlusssystems (z. B. Einsatz von Quellmörtel in Verbindung mit einer Edelstahlverklammerung) und einer geeigneten Sanierungstechnologie sowie für die Eignungsbeurteilung rissüberbrückender Oberflächenschutzsysteme.

Rissbreitenänderungen können kurzzeitig bzw. infolge von Verkehrslasten, täglich durch Temperaturunterschiede zwischen Tag und Nacht oder langfristig durch jahreszeitliche Klimaschwankungen, hervorgerufen werden.

Häufig überlagern sich die Einflüsse, zum Teil auch mit nicht umkehrbaren Längenänderungen, wie z. B. Schwindverkürzungen. Risse, die sich überhaupt nicht bewegen, sind in der Praxis äußerst selten. Qualitativ lassen sich Rissbewegungen durch angebrachte Riss-, in der Regel Gipsmarken, nachweisen. Die genaue Größe von Rissbreiten- oder auch -längenänderungen wird durch Vermessung erfasst.

Eine genaue Beurteilung des Risszustands wird oft durch Feuchte, Verschmutzungen oder Aussinterungen erschwert.

Vor weiteren Maßnahmen (im Besonderen aber vor dem Schließen durch Tränken) sollte daher stets eine Reinigung der Risszone erfolgen. Für die richtige Wahl der Füllstoffe und ggf. des Instandsetzungszeitpunkts ist außerdem die Feststellung notwendig, ob ein Riss trocken, feucht oder wasserführend ist.

Maßnahmen zu Schadensverhütung und -beseitigung

Füllen von Rissen

Aus den vorangegangenen Erläuterungen wird klar, dass vor dem Füllen von Rissen ihr Einfluss auf die Tragfähigkeit, Gebrauchsfähigkeit und Dauerhaftigkeit der Bauteile untersucht werden muss.

Dieses Ergebnis und die Ursache der Rissbildung bestimmen die Notwendigkeit, die Ziele und die Art der Rissverfüllung.

Betoninstandsetzung

Die Beseitigung von Korrosionsschäden an normal bewitterten Fassadenflächen und Skelett-konstruktionen kann grundsätzlich auf zweierlei Weise erfolgen.

Zum einen durch Spachtel- bzw. manuellen Kellenauftrag des Reparaturmörtels, vorzugsweise bei punktueller Ausbesserung einzelner Schadensstellen („Betonkosmetik“), zum anderen durch Aufspritzen neuer Beton- oder Mörtelschichten (auch „Torkretieren“ genannt) bei vollflächiger Ausbesserung größerer zusammenhängender Schadensbereiche.

In beiden Fällen läuft es auf eine Erneuerung der Passivierungsschicht hinaus und damit Erneuerung der Schutzwirkung für die Bewehrung.

Ohne eine sorgfältige Vorbereitung des geschädigten Untergrunds kann – auch bei Einsatz bester Materialien – keine Reparaturmaßnahme dauerhaft sein.

Ein besonderes Problem liegt darin, dass die Entscheidung, bis zu welcher Tiefe der Beton entfernt bzw. wie weit ein geschädigter Bewehrungsstahl freigelegt werden muss, dem Ausführenden nur schwer im Rahmen allgemeiner Anweisungen zu vermitteln ist.

Entfernen von Altbeton

Im Bereich von Abplatzungen, Rissen und Hohlstellen sind sämtliche lockeren Gefügeteile zu entfernen. Dies kann durch Abschlagen von Hand, durch Abstemmen mit Elektrohämmern oder, falls nicht allzu tiefgehende flächige Schädigungen vorliegen, durch Sand- oder Flammstrahlen erfolgen. Neuerdings wird für diese Arbeiten auch zunehmend das Hochdruckwasserstrahlen mit ca. 400–1.200 bar eingesetzt. Seine Anwendung erfordert jedoch Rücksichtnahme auf die Entsorgung der dabei anfallenden Wassermenge.

Geflammt gestrahlte Oberflächen sind stets in einem zweiten Arbeitsgang mechanisch zu reinigen (mit rotierenden Stahldrahtbürsten, Nadelpistolen u. a.), um gelockerte Partikel und mögliche Rußspuren zu beseitigen. Bei einer Betondeckung unter 15 mm (Spannbeton: < 20 mm) müssen die thermische Belastung der Bewehrung und die Möglichkeit ihrer Schädigung besonders berücksichtigt werden. Die Ränder der Reparaturkrater sind unter 45° abgeschrägt auszustemmen. Mörtelplomben sollen nach Möglichkeit nicht in flacher Neigung auf „null“ auslaufen.

Carbonatisierter Beton bietet dem eingebetteten Bewehrungsstahl keinen alkalischen Rostschutz mehr und stellt bei gleichzeitiger Einwirkung von Sauerstoff und Feuchtigkeit einen Risikofaktor für den Verbundbaustoff Stahlbeton dar, eine direkte physikalische Schädigung des Betons geht von der Carbonatisierung jedoch nicht aus. Nimmt man in Kauf, dass carbonatisierte Betondeckschichten im Bauwerk verbleiben, so ist bei allen weiteren Überlegungen stets im Auge zu behalten, dass der Rostschutz der Bewehrung damit praktisch allein von der Wirksamkeit der abschließenden Außenbeschichtung abhängt.

Bei der Einschätzung des damit verbundenen Risikos dürfte die Zugänglichkeit der betroffenen Bauteile für eine mögliche „Nachsorge“ eine maßgebende Rolle spielen.

Freilegen und Entrosten der Bewehrung

Das Freilegen korrodierter Bewehrungsstäbe geschieht praktisch im selben Arbeitsgang mit den beschriebenen Maßnahmen. Dickere, möglicherweise bereits durch den Korrosionsdruck gelockerte Betonschichten (Aufwölbungen bzw. teilweise Abplatzungen im fortgeschrittenen Stadium) werden von Hand oder mit dem Elektrohammer abgestemmt, dünnere Deckschichten durch Sandstrahlen oder mit der Nadelpistole entfernt.

Als besonders rationelles Verfahren zum Freilegen der Bewehrung hat sich das Hochdruckwasserstrahlen erwiesen. Da die Umgebung des freigelegten Stahls hierbei viel Feuchtigkeit aufnimmt, ist ein sofortiges Weiterarbeiten allerdings nur mit feuchtigkeitsverträglichen Materialien möglich. Andernfalls müssen Trocknungszeiten mit nochmaliger Entrostung in Kauf genommen werden. Zur Entrostung eignet sich am besten das Sandstrahlverfahren (korrekte Bezeichnung: Strahlen mit festen Strahlmitteln), weil hiermit auch die schwer zugänglichen Bereiche freigelegter Bewehrungsstäbe zuverlässig erreicht werden können. Das Entrosten mit Drahtbürsten führt zu keinem ausreichenden Ergebnis und kommt allenfalls als Notbehelf bei kleineren Ausbesserungen infrage. Durch Flammstrahlen darf die Bewehrung nicht entrostet werden. Auf jeden Fall ist zu beachten, dass die Bewehrung noch einen ausreichend tragenden Querschnitt besitzt; ggf. ist unter Hinzuziehung einer statischen Beurteilung zusätzliche Bewehrung z. B. durch Aufdopplung einzubauen.

Geringere Ansprüche an die Entrostung sind nur zulässig, wenn die Bewehrung, wie z. B. bei Instandsetzungen mit Spritzbeton, durch eine hinreichend dicke alkalische Deckschicht vor Korrosion geschützt wird.

Reinigen der Betonoberflächen, Untergrundfestigkeit

Betonflächen, die als Untergrund für eine Reparatur- oder Beschichtungsmaßnahme dienen sollen, müssen frei von Verschmutzungen, nicht tragfähigen Altanstrichen, abmehlenden (auch als „absanden" bezeichnet) Feinmörtelschichten und allen sonstigen verbundmindernden Bestandteilen sein. Im engeren Reparaturbereich ist dieser Zustand meist ohnehin gegeben, denn überall, wo gelockertes Betongefüge zu entfernen und korrodierte Bewehrung zu entrosten ist, werden alle Verunreinigungen zwangsläufig mit beseitigt.

Anders verhält es sich mit Flächen, die nicht akut geschädigt sind, aber wegen ihrer Nähe zum Reparaturbereich aus vorbeugenden oder rein optischen Gründen mit einem Anstrich versehen werden sollen. Ihre Vorbereitung erfordert zunächst nur eine Reinigung, die durch Abbürsten oder Abblasen mit ölfreier Druckluft, Hochdruckdampfstrahlen oder leichtes Sandstrahlen, gegebenenfalls auch

Feuchtstrahlen, erfolgen kann. Weitergehende Maßnahmen sollten nur ergriffen werden, wenn sich erweist, dass die Eigenschaften der gereinigten Betonoberfläche keinen ausreichenden Haftverbund sicherstellen bzw. wenn eine dickere Beschichtung vorgesehen ist.

Untergrundfeuchtigkeit

Die Frage nach dem zulässigen Feuchtigkeitsgehalt eines Betonuntergrunds, der ausgebessert oder beschichtet werden soll, kann nicht pauschal beantwortet werden, sondern nur im Zusammenhang mit den vorgesehenen Materialien. Die Anwendungsrichtlinien der Hersteller sind zu beachten.

Als Untergrund für Instandsetzungen mit zementgebundenen, auch Kunststoff-modifizierten Mörteln eignet sich am besten ein zuvor gut angefeuchteter, bei Ausführungsbeginn aber wieder oberflächlich abgetrockneter, schwach saugender Beton. Bei Anwendung von Kunstharzbeschichtungen und -mörteln wird im Allgemeinen eine trockene Betonoberfläche gefordert.

Erdberührte Bauteile, die nicht ausreichend dicht gegenüber rückseitig einwirkender Durchfeuchtung sind, sollten luftseitig nicht mit wasserdichten Anstrichen oder Beschichtungen versehen werden, da ein Feuchtigkeitsstau hinter der Beschichtung zu Frostschäden führen kann.

Oberflächenschutzmaßnahmen

Ein wesentliches Merkmal der Anwendung von Betonkonstruktionen besteht darin, dass Oberflächenschutzsysteme nicht als planmäßige Alternativen zu Beton-technischen Maßnahmen in Betracht kommen.

Bei der Erstellung dauerhafter Betonbauwerke behalten nach wie vor die bautechnischen Maßnahmen, wie Betonzusammensetzung und -verarbeitung, Nachbehandlung, Betondeckung und Rissbreitenbeschränkung, ihre vorrangige Bedeutung. Bei einigen Anwendungsgebieten des Betons ist es allerdings zweckmäßig oder sogar notwendig, planmäßig einen Oberflächenschutz vorzusehen. Das Ziel ist in der Regel dann die Erhöhung der Widerstandsfähigkeit von Betonbauteilen, z. B. gegen einen „sehr starken“ chemischen Angriff.

Auch wenn die Oberfläche eines Stahlbetonbauteils infolge von Herstellungsmängeln einmal nicht die erwartete Dauerhaftigkeit aufweist, kann man einer möglichen Schadensentstehung vorbeugend durch Oberflächenschutzmaßnahmen begegnen. Schließlich können auch optische Gesichtspunkte für einen Anstrich sprechen, z. B. bei Fassaden, die aufgrund fehlerhafter Wasserführung längerfristig zu Kalk- und Staubablagerungen neigen.

Allgemein können Oberflächenschutzsysteme für Beton folgende Aufgaben übernehmen:

a) vorbeugenden oder nachträglichen Schutz vor betonschädlichen Stoffen,
b) Abdichtung gegen Flüssigkeiten oder Gase,
c) Erhöhung der Griffigkeit/Rauigkeit,
d) Erhöhung des Abnutzungswiderstands,
e) Herstellung bakteriologisch unbedenklicher, leicht zu reinigender Oberflächen,
f) farbliche Gestaltung und Markierung,
g) Beeinflussung der elektrischen Leitfähigkeit.

Hydrophobierende Imprägnierungen

Als eigenständige Maßnahme bewirken sie eine zeitlich begrenzte Reduzierung der kapillaren Wasseraufnahme. Dies führt zu einer Verbesserung des Frost- und Frost-Tausalz-Widerstands. Auch die Aufnahme von in Wasser gelösten Schadstoffen (z. B. Chloriden) wird behindert.

Unverändert bleibt dagegen die Wasserdampfdurchlässigkeit der imprägnierten Flächen, da keine geschlossene Filmbildung erfolgt. Mit Hydrophobierungen nicht zu erreichen ist eine Verfestigung der Betonoberfläche, eine Abdichtung gegen drückendes Wasser sowie eine Verbesserung des Carbonatisierungswiderstands.

Das optische Erscheinungsbild der behandelten Bauteiloberflächen wird durch eine Hydrophobierung so gut wie nicht verändert. Der anfangs zu beobachtende Abperleffekt verschwindet mit der Zeit, ohne dass dies ein Symptom für das Nachlassen der Schutzwirkung wäre. Insgesamt ist allerdings bei derartigen Maßnahmen mit einer auf 5 bis höchstens 10 Jahre begrenzten Wirkungsdauer zu rechnen.

Hydrophobierende Imprägnierungen können auch als Bestandteil mehrschichtig aufgebauter Schutzsysteme eingesetzt werden. Sie dienen dann zur langfristigen Verbesserung der Untergrundhaftung filmbildender Beschichtungen.

Versiegelungen

Versiegelungen füllen die oberflächennahen Kapillarporen des Betonuntergrunds teilweise aus, bei gleichzeitiger Bildung eines dünnen zusammenhängenden Oberflächenfilms. Sie können als Vorstufe einer Beschichtung aufgefasst werden, von der sie sich im Wesentlichen nur durch ihre geringere Schichtdicke (unter 0,3 mm) und die dadurch bedingte geringere Dauerhaftigkeit gegenüber mechanischen und chemischen Beanspruchungen unterscheiden.

Versiegelungen reduzieren die Wasseraufnahme, die Aufnahme von in Wasser gelösten Schadstoffen und die Kohlendioxiddiffusion. Eine Versiegelung befahrbarer Flächen dient darüber hinaus der Steigerung des Abnutzungswiderstands sowie der Verfestigung des Betonunter-grunds und der Staubbindung. Im Zuge von Anstrichsystemen werden Versiegelungen auch als Grundierung für nachfolgende Beschichtungen eingesetzt.

Beschichtungen

Beschichtungen sind in der Lage, ein sehr breites und vielfältiges Leistungsspektrum abzudecken, zu dessen Grundmerkmalen stets die Reduzierung oder Verhinderung des Eindringens von Wasser und wassergelösten Schadstoffen gehört. Darüber hinaus lassen sich mithilfe bestimmter Bindemittelgruppen und Schichtdicken (bzw. Schichtfolgen) gezielt weitere Eigenschaften beeinflussen, wie z. B. der Diffusionswiderstand, die Rissüberbrückung sowie Abnutzungsfestigkeit und Chemikalienbeständigkeit.

2.3.3 Schäden an Holzkonstruktionen

Bauteile der Kostengruppen 334, 343

Tierischer Befall

Tierische Holzschädlinge sind Insekten, die entweder nur frisches oder lufttrockenes Holz befallen. Ihr Angriff kann durch Vorarbeit von Pilzen begünstigt werden.

Frischholzinsekten befallen frisch gefälltes Holz im Wald und auf dem Lagerplatz, jedoch kein abgetrocknetes Holz. Borkenkäfer legen im Splintholz Brutgänge an. Holzwespen zerstören das Holz durch die Fraßgänge ihrer Larven. Frischholzinsekten sind im Allgemeinen von sehr geringer Bedeutung im Hochbau. Trockenholzinsekten sind Bauholzschädlinge, d. h., sie befallen vorwiegend lufttrockenes Bauholz, dessen Standsicherheit durch die Bohrgänge gefährdet werden kann. Die Käferlarven fressen sich durch das Holz und hinterlassen in ihren Gängen lockeres Bohrmehl.

So befällt der Haus- oder Holzbock, auch als Anobie bezeichnet, vorrangig nur Nadelsplintholz, ist aber auch bei Nadelhölzern zu finden. Anobienlarven leben in Nadel- und Laubhölzern, wobei davon auszugehen ist, dass jede Holzart „ihren“ Haus- oder auch Holzbock hat; die Larven werden im allgemeinen Sprachgebrauch auch als Holzwürmer bezeichnet. Die Schädigung erfolgt durch die Fraßgänge der aus den Larven geschlüpften Würmer. Die Eindringtiefe wird im Allgemeinen mit bis ca. 0,5 bis 1,5 cm unter der Oberfläche angegeben. Der Splintholzkäfer befällt nur Splintholzteile von Laubhölzern, bevorzugt aber auch Tropenhölzer und ist damit als Querschnittsschädling anzusehen.

Am gefährlichsten ist die Holzwespe einzustufen, da sie ähnlich dem Splintholzkäfer holzzerstörend wirkt.

In einigen Bundesländern existiert deshalb auch eine Meldepflicht, da der Ausbreitungsradius des flugfähigen Insekts, nach diesbezüglichen Veröffentlichungen bei 8 bis 12 km liegen kann.

In jedem Fall ist bei tierischem Befall ein Holzschutz-Fachmann zuzuziehen.

Pflanzlicher Befall

Pilze sind pflanzliche Holzschädlinge, die i. W. nur feuchtes Holz (U > 20 %) befallen.

Ständig trockenes oder ständig wassergesättigtes Holz ist normalerweise nicht gefährdet. Eine Ausnahme ist der echte Hausschwamm.

Holzverfärbende Pilze greifen die Zellwände nicht an, beeinträchtigen die Holzfestigkeit also nicht. Sie verfärben das Holz und rufen Anstrichschaden hervor. Die Bläuepilze als wichtigste Vertreter dieser Gruppe befallen ausschließlich den Splint von Nadel- und Laubhölzern. Holzzerstörende Pilze verursachen mit dem Abbau der Zellwände eine „Fäulnis“. Gefährlichster Vertreter ist der echte Hausschwamm. Ihm allein ist es möglich, nach anfänglicher Entwicklung auf feuchtem Holz später auf trockenem Holz weiterzuwachsen, indem er in seinen Strängen das zu seinem Wachstum notwendige Wasser weiterleiten kann.

Die wichtigsten Vertreter sind der Echte Hausschwamm, Keller- und Porenschwamm sowie Blättlinge. Diese rufen die Braunfäule hervor (würfelförmiger Bruch mit Braunfärbung). Schimmelpilze verursachen z. B. die Moderfäule durch Erweichung der Holzoberflache, insbesondere im erdberührenden Bereich.

Vorbeugende Schutzmaßnahmen

Chemische Holzschutzmaßnahmen sind nur dann vorzunehmen, wenn der bauliche Holzschutz die Gefahr von Bauschäden durch Pilze bzw. Insekten nicht verhindern kann.

Holzschutzmittel sind sparsam, sachgerecht und nur dort, wo sie wirklich erforderlich sind, anzuwenden. Die vorbeugenden chemischen Maßnahmen zum Schutz des tragenden Holzes und Hinweise für den Schutz von nichttragenden Holzbauteilen sind normativ geregelt. Außerdem kann Bauholz durch chemische Feuerschutzmittel schwerentflammbar gemacht werden.

Erfolg und Wirkungsdauer einer Holzschutzbehandlung sind abhängig von der Art und dem Feuchtegehalt des Holzes sowie von der Art und Menge des Holzschutzmittels und dem Einbringverfahren.

Die Tränkbarkeit ist abhängig von der anatomischen Struktur des Holzes. Kiefer ist gut, Fichte hingegen schwer imprägnierbar. Ölige Holzschutzmittel sind allgemein nur bei Holz mit Holzfeuchte von _20% anwendbar, wasserlösliche Holzschutzmittel können auch bei höherer Feuchte eingesetzt werden. Bei Nadelhölzern ist das Kernholz schwerer tränkbar als das Splintholz, dafür jedoch bei Kiefer dauerhafter als Splintholz, bei Fichte nicht. Laubhölzer sind meist besser tränkbar als Nadelhölzer. Eine Verbesserung der Tränkbarkeit kann erreicht werden durch Perforation (radiale Bohrungen). Dieses Verfahren wird z. B. angewendet bei Telegrafenmasten aus Fichte in der Erd-Luft-Zone.

Chemischer Holzschutz

Perforation

Im Hochbau werden wasserlösliche oder ölige Holzschutzmittel und Sonderpräparate sowie schaumschichtbildende Feuerschutzmittel verwendet. Dabei sind nur Präparate zu verwenden, die vom Institut für Bautechnik (IfBt), Berlin, ein gültiges Prüfzeichen sowie die ihren Eigenschaften entsprechenden amtlichen Prüfprädikate erhalten haben.

Ihre normativ geregelten Bezeichnungen sind „P“ – wirksam gegen Pilze, „Iv“ – gegen Insekten vorbeugend wirksam, „W“ – auch für Holz geeignet, das der Witterung ausgesetzt ist. Mit der Bezeichnung „E“ gilt das Holz auch geeignet, wenn es extremer Beanspruchung ausgesetzt ist (Erdkontakt und in ständigem Kontakt mit Wasser). Das Institut für Bautechnik veröffentlicht regelmäßig ein „Holzschutzmittelverzeichnis“.

Auf Nebenwirkungen der Schutzmittel ist zu achten. Die meisten Schutzmittel sind für Menschen und Nutztiere giftig. Deshalb ist beim Umgang mit Holzschutzmitteln besondere Sorgfalt geboten.

Bei Leimkonstruktionen ist zu prüfen (amtliche Prüfung), ob Leimart und Schutzmitteltyp miteinander verträglich sind, damit die Leimbindefestigkeit erhalten bleibt. Im Zweifelsfalle empfiehlt sich eine Rückfrage bei dem Schutzmittelhersteller. Wichtig ist, dass bisher an Leimbindern bisher keine Insektenschäden bekannt geworden sind. Die Korrosionswirkung wasserlöslicher Schutzmittel auf Metallteile, insbesondere bei Nagelbindern, ist erfahrungsgemäß gering. Auch hier empfiehlt sich jedoch eine Rückfrage beim Hersteller.

Eingebracht werden die Holzschutzmittel im handwerklichen Verfahren durch Trogtränkung, Tauchen, Streichen oder Spritzen, im großtechnischen Verfahren durch Kesseldruck-, Vakuum- oder Diffusionstränkung sowie durch Saftverdrängung. Die Imprägnierung erfolgt im Allgemeinen nach dem letzten Bearbeitungsgang, d. h. nach dem Verleimen und Bearbeiten von Verbundquerschnitten bzw. nach dem Abbund von Bauhölzern.

Die Eindringtiefe wird nach dem Grad der Gefährdung gewählt, so im Randschutz < 10 mm und im Tiefschutz > 10 mm. Tiefschutz erfordern z. B. Bauhölzer, die Niederschlägen unmittelbar ausgesetzt oder in Erdreich, Mauerwerk oder Beton eingebunden sind.

Für die Schutzbehandlung gegen Feuer können wasserlösliche Feuerschutzmittel im Kesseldruckverfahren bzw. schaumschichtbildende Feuerschutzmittel im Streich-, Spritz- oder Gießverfahren angewendet werden. Ist gleichzeitig ein Schutz gegen Pilze und Insekten erforderlich, muss dieser vor der Feuerschutzbehandlung ausgeführt werden. Mehrfachschutz (z. B. P, Iv) ist grundsätzlich möglich. Die Verträglichkeit der Holzschutzmittel untereinander ist nachzuweisen.

Feuerschutzmittel sind nicht witterungsbeständig. Ein vorbeugender chemischer Feuerschutz ist daher nur bei Holzbauteilen möglich, die vor Witterungseinflüssen und ähnlicher Feuchtigkeitsbeanspruchung geschützt sind.

Maßnahmen zur Schadensverhütung und -beseitigung

Bekämpfungsmaßnahmen gegen Pilz- und Insektenbefall müssen ergriffen werden, wenn die entstandenen Schäden die Standsicherheit von Holztragwerken gefährden. Zunächst sind Schadensumfang und Ursache sehr sorgfältig zu untersuchen.

Befallenes Material muss entfernt und nachweislich vernichtet werden. Bei tierischem Befall ist die kontrollierte Verbrennung ein übliches Verfahren. Nach Erledigung der umfangreichen Vorarbeiten und baulichen Maßnahmen kann die Bekämpfung durch Behandlung mit einem Holzschutzmittel oder bei Insektenbefall auch durch Heißluft- oder Begasungsverfahren sowie elektrophysikalische Verfahren vorgenommen werden. Vorbeugende Holzschutzmaßnahmen sollten grundsätzlich einer Fachfirma unter Hinzuziehung eines zugelassenen Holzschutzgutachters übertragen werden, die über die notwendige Sachkenntnis und Erfahrung verfügt.

Bei der Begasung ist auf die Dichtigkeit des Begasungsraumes zu achten, damit ein Entweichen des Gases vermieden wird. Sofern Bauteile mit vertretbarem Aufwand ausgebaut werden können, wie Verkleidungen und Einbauten, eignet sich eine Wärmebehandlung zur Schädlingsbekämpfung. In den sogenannten Wärmekammern werden die befallenen Teile auf ca. 110 °C aufgeheizt, sodass an jeder inneren Stelle mindestens 85 °C erreicht werden, bei der nach der üblichen Auffassung tierisches Leben beendet wird, d. h. die Insektenlarven wirksam bekämpft werden können.

Eine Behandlung mit chemischen Stoffen eignet sich nur für oberflächlichen Befall z. B. durch Hausböcke, deren Larven oberflächennah existieren. Im Allgemeinen geht man davon aus, dass deren Eindringtiefe bei ca. 1 bis 2 cm liegt, sodass sie durch eindringende Chemikalien erreicht werden können. Allerdings gilt dies nur bei trockenem Holz mit einer geringen Holzfeuchte und ausreichendem Saugvermögen.

In aller Regel empfiehlt sich die Einbeziehung eines Holzschutzfachmanns.

Zu beachten ist weiterhin, dass in einigen Bundesländern Meldepflichten bestehen. Dies betrifft insbesondere den Befall durch Holzwespen und Splintholzkäfer, gegebenenfalls auch bei Roßameisen. Bei der Holzwespe und dem Splintholzkäfer ist dies durch einen großen Ausbreitungsradius der flugfähigen Insekten begründet.

Für vorbeugende Holzschutzmaßnahmen sollten grundsätzlich eine Fachfirma unter Hinzuziehung eines zugelassenen Holzschutzgutachters übertragen werden, die über die notwendige Sachkenntnis und Erfahrung verfügt.

2.3.4 Schäden am Mauerwerk

Bauteile der Kostengruppen 330, 340

Frisch gemauerte Steine entziehen dem Mörtel Anmachwasser. Dies ist in beschränktem Umfang erwünscht (physikalische Verfestigung des Mörtels). Bei zu starkem Wasserentzug fehlt dem Mörtel in der Anschlusszone zum Stein das Wasser für die Reaktionen der chemischen Verfestigung.

Der Mörtel erreicht dann in den Anschlusszonen nur geringe Festigkeiten und es besteht Rissgefahr durch so genanntes „Verbrennen“ (zu schnelles Austrocknen) des Mörtels.

Die Gefahr des Verbrennens ist bei Sichtmauerwerken aus Kalksandsteinen besonders groß.

Kalksandsteine haben sehr feine Kapillarporen und entsprechend große Kapillarkräfte. Kalksandsteine saugen deshalb langsam. Sie saugen aber nachhaltig, was beim Mörtel die Gefahr des Verbrennens erhöht.

Die Wassereintritte in die Risse führen zu einem vorzeitigen Altern des Mauerwerks und entlang den Mörtelfugen bilden sich stellenweise Silikatablagerungen.

Beim traditionellen Zementmörtel wurde die Gefahr des Verbrennens dadurch reduziert, dass Sande mit einer optimalen Kornabstufung und wesentlichen Anteilen an Feinstkorn verwendet wurden. Wegen den hydrophilen (wasserfreundlichen) Eigenschaften der Sandkörner entstanden durch die geringen Kornabstände (dank der Feinstkörner) starke Bindekräfte zwischen den Festkörpern des Frischmörtels (Sand und Bindemittel) und den dazwischen verteilten Wassermolekülen. Diese Bindekräfte konnten den aufsaugenden Kapillarkräften der Mauersteine entgegenwirken und so ein Verbrennen des Mörtels verhindern.

Nach dem gleichen Prinzip arbeiten Wasserrückhaltestoffe, die bei modernen Mörtelmischungen als bauchemische Zusatzstoffe eingesetzt werden. In der Regel handelt es sich um Methylcellulose („Tapetenkleister") mit einer langfädigen Molekülstruktur. Beim Wasserkontakt quellen die Moleküle auf, indem Wasser zwischen die „Fäden" eingelagert wird. Wegen der geringen Fadenabstände sind auch in diesem Fall die Bindekräfte zwischen den Cellulosefäden und den Wassermolekülen groß und behindern die Wasserabgabe. Ausblühungen an der Oberfläche von Sichtmauerwerken führen immer wieder zu Diskussionen darüber, ob diese aus den Steinen selbst oder aus dem Mauerwerksmörtel stammen. Es ist beides möglich, und für eine genaue Beurteilung muss jeder Fall einzeln abgeklärt werden. Nach den Erfahrungen von Experten stammen die Ausblühungen normalerweise aus dem Mörtel.

Kalkablagerungen zeigen sich normalerweise in vertikalen Streifen, die von den Lagerfugen ausgehen. Kalkablagerungen sind geschmacksneutral und nicht wasserlöslich. Sie können mit verdünnter Säure entfernt werden. Dazu sollte ein Fachmann mit entsprechender Erfahrung beigezogen werden, damit vor allem am Mauerwerksmörtel keine Säureschäden entstehen. Weiterhin sind unbedingt Umweltschutzmaßnahmen (Neutralisation der verwendeten Säure) zu beachten. Alternativ sind mittlerweile mechanische Verfahren, wie ein rotierender Sandstrahl, in Anwendung.

Kalkablagerungen sind in der Regel ein Zeichen dafür, dass zwei oder mehrere übereinanderliegende horizontale Mörtelfugen undicht sind. Bei der oberen Fuge tritt Regenwasser ein, läuft in den Poren und Kapillaren der Backsteine abwärts und staut sich auf der unteren Lagerfuge.

Bei längerem Kontakt löst das Wasser Calciumverbindungen des Mörtelgefüges und tritt als Calciumhydroxid oder Calciumhydrogencarbonat aus der unteren Mörtelfuge wieder aus. Es läuft auf der Steinoberfläche nach unten und carbonatisiert im Kontakt mit der Luft zu wasserunlöslichem Kalk.

Gipsablagerungen sind ebenfalls weiß, wasserunlöslich und geschmacksneutral. Im Gegensatz zu Kalkablagerungen können sie mit verdünnter Säure nicht entfernt werden. Die für Kalkablagerungen typische vertikale Ausrichtung ist nicht vorhanden. Gipsablagerungen entstehen normalerweise bei größeren Poren oder bei Haarrissen in der Steinoberfläche. In Extremfällen wurde beobachtet, dass praktisch die ganze Steinoberfläche von einer Gipskruste überzogen wurde. Gipsablagerungen treten oft in Kombination mit Oberflächenabsprengungen auf. Dies gilt vor allem für schlagregenbeanspruchte Fassaden, die bei schönem Wetter intensiv besonnt werden.

Die Gründe liegen darin, dass sich in Austrocknungsphasen die Zone der Gipsbildung von der Oberfläche gegen das Steininnere verlagert. Besonders intensive Ablagerungen finden sich i. d. R. in der Übergangszone zwischen der etwas dichteren Oberflächenschicht und der Hauptmasse des Steins. Gipsablagerungen sind praktisch ausschließlich bei Mauerwerkspartien anzutreffen, bei denen durch undichte Stellen, wie Risse, undichte Kittfugen, undichte Mörtelfugen usw., lokal viel Wasser eindringt und die angrenzenden Steine von innen her durchnässt werden. Fatal ist der Umstand, dass Gipsablagerungen die Ziegelporen verschließen und deshalb das Austrocknen der Steine mit der Zeit immer stärker behindert wird. Deshalb ist es nur eine Frage der Zeit, bis bei Sichtmauerwerk mit Gipsablagerungen schließlich die Oberfläche abgesprengt wird.

Salzablagerungen/-ausblühungen

Wasserlösliche Salze sind immer am Übergang von nassen zu trockenen Mauerwerksflächen anzutreffen.

Die Erklärung für das Auftreten der Salzablagerungen an den Rändern der nassen Flächen liegt darin, dass in den trockenen Zonen das Wasser fehlt, um die Salzbestandteile an die Oberfläche zu transportieren, während in den nassen Zonen zu viel Wasser vorhanden ist, sodass sich Salzkristalle auflösen bzw. wegen zu geringer Salzkonzentration der Lösung gar nicht entstehen. Ausblühungen von wasserlöslichen Salzen entstehen vorzugsweise bei Sichtmauerwerksfassaden aus stark saugfähigen Ziegeln.

Die Salze sind ungiftig. Sie schmecken salzig und bitter, oft auch mit einem seifigen Beigeschmack. In den meisten Fällen handelt es sich um Salzgemische, bei denen entweder Magnesiumsulfat oder Natriumsulfat dominiert und Beimischungen von Kaliumsulfat und Natriumcarbonat vorhanden sein können. In der Regel ist das Auftreten von wasserlöslichen Salzen jahreszeitlich begrenzt. Typisch sind Ausblühungen in den Monaten Januar bis März. Dies hängt damit zusammen, dass in dieser Zeit die Mauerwerke am stärksten durchnässt sind und tiefe Temperaturen die Kristallbildung fördern, weil die Löslichkeit der Salze mit der Temperatur abnimmt.

Das „Kommen und Gehen" der wasserlöslichen Salze bedeutet aus physikalischer Sicht eine Belastung für die Steinoberfläche. Die Oberfläche verwittert durch das Wechselspiel von Salzkristallisation und Salzauflösung. Die Ursache liegt vor allem beim sogenannten Kristallisationsdruck, der in den oberflächennahen Gesteinsporen entsteht, weil die Kristalle mehr Raum beanspruchen als die Salzlösung.

Die Verwitterung der Steinoberfläche durch wasserlösliche Salze gilt gleichermaßen für Ziegel und für Kalksandsteine. Zement und hydraulischer Kalk erhärten vor allem durch die Bildung von Silikaten. Regenwasser kann aus rissigem oder porösem Mörtel oder Beton kleine Mengen an Silikaten in Form von Kieselsäure oder Alkalisalzen der Kieselsäure herauslösen.

Wenn diese Lösungen an die Oberfläche gelangen und dort langsam durch Wasserverdunstung „eindicken", können sich an der Oberfläche glasartige, dunkel erscheinende, sehr dünne Ablagerungen von amorphen Alkalisilikaten oder amorpher Kieselsäure bilden.

Derartige Ablagerungen können beispielsweise an der im Schatten liegenden Nordseite von Leitungsmasten aus Beton oft beobachtet werden. Die Ablagerungen sind nicht wasserlöslich, obwohl sie aus in Wasser gelösten Stoffen entstanden sind, ähnlich wie dies bei einer Dispersionsfarbe der Fall ist. Sie sind eine Art Glasur und entsprechend hart und widerstandsfähig gegen Chemikalien. Sie können, sofern dies z. B. aus optischen Gründen gewünscht wird, nur mit großem Aufwand mechanisch entfernt werden. Die Silikatablagerungen auf Kalksandsteinen werden nur an Stellen beobachtet, die lange Zeit stark durchnässt waren. Die Silikate gelangen aus dem durchnässten Mörtel zunächst in den nassen Stein und dort beim langsamen Austrocknen an die Oberfläche. Bei forcierter Austrocknung verlagert sich die Ablagerungszone gegen das Steininnere. Bei Kalksandstein-Sichtmauerwerken werden die Silikatablagerungen als störend empfunden, weil die betroffenen Steine mit ihrer dunklen Oberfläche deutlich hervortreten.

Bei Sichtmauerwerk aus Hartbrandsteinen (Klinker) werden Silikatablagerungen seltener be-obachtet als bei Kalksandsteinen. Das Erscheinungsbild wird vor allem bei hellen Sichtmauersteinen stark in Mitleidenschaft gezogen, weil in der gelartigen Anfangsphase Schmutz kleben bleibt, der nach der Verkieselung fest in die harten Ablagerungsprodukte eingeschlossen wird.

Frostschäden

Frostschäden zeigen sich bei Kalksandsteinen und Sichtmauersteinen als großflächige Abplatzungen der Steinoberfläche. In einer ersten Stufe zeigen sich zunächst Risse und hohlliegende Oberflächenteile. Später fallen die hohlliegenden Oberflächenteile ab und es zeigen sich die für Frostschäden typischen Abschieferungen.

Erfahrungsgemäß entstehen Frostschäden dann, wenn ein nasses Mauerwerk im ganzen Querschnitt gefriert, später an der Oberfläche auftaut und schließlich von der Oberfläche her erneut gefriert. Auf diese Weise wird Wasser zwischen zwei Eisfronten eingeschlossen und übt einen zunehmenden Druck aus, wenn die Eisfront von der Oberfläche her nach innen fortschreitet bzw. wenn das eingeschlossene Wasser schließlich gefriert. In der Regel sind mehrere solche Frost-/Tauwechsel erforderlich, bis es zu einer Absprengung der Steinoberfläche kommt.

Sowohl für Ziegel- als auch für Kalksandstein-Sichtmauerwerke gilt, dass mit Frostschäden gerechnet werden muss, wenn der Feuchtegehalt der Steine auf mehr als 80 % des Sättigungswerts ansteigt. Dieses Risiko besteht vor allem beim Vorliegen von Planungs- und/ oder Ausführungsfehlern.

Maßnahmen zur Schadenverhütung und -beseitigung bei Mauerwerk

Die wichtigsten Ansätze und Maßnahmen zur Schadensvermeidung und -behebung sind, dass bei der Planung die Wetterexposition eines Gebäudes gebührend zu berücksichtigen ist. Dazu gehören die richtige Wahl der einzusetzenden Materialien und deren fachgerechte Verarbeitung.

Ausblühungen sind heute in aller Regel mit Hilfe eines rotierenden Sandstrahls mechanisch zu beseitigen. Das betrifft sowohl Kalk- als auch Gipsausblühungen und die Ablagerung von Salzen. Chemische Verfahren, wie das frühere „Absäuern" von Kalkausblühungen, also die Behandlung der befallenen Oberflächen mit verdünnter Salzsäure und reichlich Wasserüberschuß, sind aus Umweltschutzgründen nicht mehr zulässig.

Nach dem Abstrahlen ist die Ziegeloberfläche in aller Regel aufgeraut, sodass eine Putzbeschichtung erforderlich wird. Sichtmauerwerk kann damit nicht erhalten werden.

Frostgeschädigtes Mauerwerk ist abzubrechen und durch Ersatz der geschädigten Ziegel oder Kalksandsteine zu sanieren.

In allen Fällen ist der Zustand der Mörtelfugen zu prüfen, sofern diese absanden, d. h. bei Berührung Sand ausrieselt, ist eine Fugensanierung unumgänglich. Dabei müssen die Fugen bis auf den festen Zustand ausgekratzt und neu vermörtelt werden.

2.3.5 Schäden an Putzflächen

Bauteile der Kostengruppen 335, 336, 345

Konstruktive Verformungen des Putzgrundes (z. B. Verdrehungen des Deckenauflagers, Schwinden, Setzungen) sollten vor dem Verputzen im Wesentlichen abgeschlossen sein, um die Gefahr einer Rissbildung zu minimieren. Bewegungsfugen des Bauwerks müssen an gleicher Stelle und mit gleicher Bewegungsmöglichkeit übernommen werden.

Beim Verputzen von gerissenen Putzgründen (oft bei Altbausanierungen) sind spezielle Maßnahmen zur Untergrundvorbereitung notwendig, wie z. B. Rissschließung mittels Rissfüllung, Armierung des Putzes, Unterkonstruktionen oder Putzträger.

In Putzgründen aus Mauerwerk sowie in alten Putzgründen können lösliche Salze, insbesondere Sulfate, vorkommen. Salze in Verbindung mit Feuchte haben verschiedene schädliche Auswirkungen, die zur Zerstörung des Putzes, des Putzgrundes, zu Rissen und zum Verlust der Putzhaftung sowie zur Korrosion von nicht korrosionsbeständigem Metall führen können. Daher sind vor der Putzausführung entsprechende Maßnahmen zu planen.

Bei feuchten und salzbelasteten Untergründen sollte die Verwendung von Sanierputzen mit speziellen auf die Sanierungserfordernisse abgestimmten Eigenschaften eingeplant werden.

Schäden an Putzfassaden

Wenn im Fassadenputz Risse auftreten, ist die Frage nach dem Verantwortlichen nicht immer einfach zu beantworten. Dies liegt daran, dass die Ursache sowohl im Verputz als auch im Untergrund liegen kann. Im konkreten Einzelfall, vor allem wenn der Schaden erheblich ist, wird deshalb eine Expertise unumgänglich sein. Risse mit einer deutlich erkennbaren Richtung, insbesondere lange Horizontalrisse, Vertikalrisse und Diagonalrisse, haben ihre Ursache in der Regel im Untergrund. Sie sind in jedem Fall statisch/konstruktiv begründet und werden als Setzungsrisse bezeichnet. Hier sind in jedem Fall Untersuchungen des Untergrundes in Verbindung mit Tragfähigkeitsbetrachtungen zu den tragenden Bauteilen erforderlich. Unregelmäßig verlaufende Risse mit Y-förmigen Verzweigungen werden als Schwindrisse bezeichnet und haben ihre Ursache in der Regel im Verputz.

Bei Horizontal- und Vertikalrissen über Mauerwerksfugen liegt die Ursache meistens in einem Zusammenwirken von Putzmängeln und Untergrundmängeln. Bei auftretenden schadensrelevanten Setzungsrissen sind in jedem Fall Untersuchungendes Untergrundes in Verbindung mit Tragfähigkeitsbetrachtungen zu den betroffenen Bauteilen erforderlich. Gegebenenfalls sind entsprechende Fachingenieure/Gutachter heranzuziehen. Rissbildung im Grundputz (Sackrisse) entstehen durch zu „fetten“ Putzmörtel auf schlecht haftendem Untergrund und stellen einen Verarbeitungsfehler dar (zu dick aufgetragene Putzschicht). Damit reichen der Abbindezustand des Putzmörtels und die Adhäsionskräfte nicht aus, die Putzschicht in ihrer Form zu halten.

Risse über Mauerwerksfugen sind in der Regel auf das Zusammenwirken von ungünstigen Faktoren im Putz und Mauerwerk zurückzuführen. Zu den ungünstigen Putzfaktoren zählen beispielsweise ein hohes Schwindmaß, ein ungünstiger Schichtaufbau, eine zu geringe Putzdicke und ungünstiges Wetter beim Verputzen.

Dies kann besonders bei zementgebundenen Mauersteinen zu Putzrissen über den Mauerwerks-fugen führen. Bei verputzten Ziegelmauerwerken treten Risse über Mauerwerksfugen in der Regel dann auf, wenn auf einen Zementvoranwurf (Spritzbewurf) zur Verbesserung der Möglichkeit der folgenden Putzlagen verzichtet wird und der Grundputz zu dünn aufgetragen wird. Das unterschiedliche Saugverhalten von Steinfläche und Fugenmörtel (der bei Stoßfugen oft fehlt) führt dann vor allem bei Putzen mit hohem Schwindverhalten zu Spannungsspitzen über den Mörtelfugen, welche die Anfangsfestigkeit des Verputzes überschreiten können.

Zu den ungünstigen Mauerwerkfaktoren zählen beispielsweise das Schwinden von Zement-gebundenen Steinen, unvollständig verfüllte Mörtelfugen bzw. die knappe Ausführung von Stoßfugen, geringe Mörtelfestigkeit in Kombination mit großformatigen Steinen und das Verputzen von durchfeuchteten Mauerteilflächen. Ablösungen des Gesamtsystems sind in den meisten Fällen auf eine nachträgliche Durchfeuchtung des Putzuntergrundes, d. h. das Mauerwerk, zurückzuführen. Besonders gefährdet sind Mauerwerksflächen an West- bzw. Nordwestfassaden (Wetterseiten) unterhalb von ggf. vorhandenen Horizontalrissen oder in mit hoher Schlagregenbeanspruchung belasteten Flächen.

Feuchte Wände können aufgrund von eindringender Feuchtigkeit abgeplatzte Putzschichten verursachen und zu weiteren Bauschäden führen. Dies kann die strukturelle Integrität des Gebäudes beeinträchtigen und gesundheitsschädliche Schimmelpilzbildungen fördern. Die Ablösung erfolgt i. d. R. durch Gefrieren des durchnässten Mauerwerks. Typisch ist, dass an der Rückseite des abgelösten Verputzes Reste des Mauerwerks anhaften.

Bild 15: *Rissbildung mit Aussinterung (Kalkablagerungen) in einer Kelleraußenwand. (Quelle: Manfred Kranz)*

Unter den deckputzablösenden Mineralien ist Natriumsulfat (Glaubersalz) besonders gefürchtet. Es ist Ursache für das sogenannte Sulfattreiben, das auf einer Kombination von Kristallbildung und Kristallumwandlung beruht. Bei der Kristallbildung wird der sogenannte Kristallisationsdruck, bei der Kristallumwandlung der sogenannte Hydratationsdruck aufgebaut.

Bei Natriumsulfat wird die Kristallbildung durch die starke Temperaturabhängigkeit seiner Wasserlöslichkeit gefördert. Die Löslichkeit beträgt normalerweise bei 30 °C rund 45 Gramm und bei 10 °C rund 10 Gramm Natriumsulfat in 100 Gramm Wasser. Die Löslichkeitskurve des Natriumsulfats zeigt bei rund 32 °C (genau bei 32,4 °C) einen Knick. Bei dieser Temperatur ändert das Sulfat seine Hydratphase. Es liegt oberhalb von 32,4 °C in kristallwasserfreier Form vor, unterhalb bindet jedes Molekül 10 Moleküle Kristallwasser, was zu einer Volumenzunahme bzw. bei behinderter Volumenzunahme zum Aufbau des sogenannten Hydratationsdruckes führt.

Bei einer durch Sulfattreiben geschädigten Fassade ist der Putz auf ein viel zu nasses Mauerwerk aufgebracht worden. Dies hatte zur Folge, dass sowohl aus dem Mauerwerk als auch aus dem Zement des Verputzes als auch aus dem Mauermörtel Sulfate gelöst wurden, die beim langsamen Austrocknen gegen die Oberfläche transportiert wurden. An der Grenze von Grund- und Deckputz bilden sich dann Anreicherungen von Natriumsulfat-Kristallen, die weiße Zonen bilden.

Dies führt zu Absprengungen von Teilen des Deckputzes und beim Schadensfortschritt auch der Grundputzoberfläche.

Deckputzablösungen wurden in der Vergangenheit häufig auch bei kunststoffgebundenen Deckputzen beobachtet. Wegen der großen Elastizität des kunststoffgebundenen Deckputzes zeigte sich die Ablösung im Anfangsstadium häufig in Form von – in der Regel – wassergefüllten Blasen.

Durch Produktverbesserungen (Reduktion des Quellverhaltens, Erhöhung der Dampfdurchlässigkeit) und durch die Applikation von geeigneten Voranstrichen wurde das Problem jedoch inzwischen weitgehend gelöst. Ebenso können stark gerissene Fugen, tief ausgewaschene Fugenkammern oder verwitterter Mörtel mit sehr hohem Wasseraufnahmevermögen zu Ablösungen der Putzschichten führen. Diese Probleme sind typisch für Fassaden von Gebäuden, die langfristigen Feuchtigkeitseinwirkungen ausgesetzt sind. Feuchtigkeit in den Wänden führt oft zu strukturellen Schäden, wie abplatzendem Putz und Bildung von Salzausblühungen.

Maßnahmen zur Schadenverhütung und -beseitigung an Putzfassaden

Zur Schadensvermeidung an mineralischen und kunststoffmodifizierten Fassadenbeschichtungen sind sowohl die richtige Auswahl der Putzmaterialien als auch die Schichtenausbildung und bei der Verarbeitung insbesondere die Beachtung der zulässigen Schichtdicke maßgeblich.

Bei der Verarbeitung sind beispielsweise die Saugfähigkeit des Untergrundes, die richtige Verwendung und Einarbeitung in den Putzträger bzw. der Putzarmierung und vor allem geeignete Witterungsbedingungen. Bezüglich der Witterungsbedingungen sind zu starke und dauerhafte Sonnenbelichtung, zu hohe Windbelastung und zu tiefe Temperaturen zu vermeiden.

Die Sonneneinstrahlung und Windbelastung kann i. d. R. durch Verplanen der Fassadengerüste oder Verlagerung der Verarbeitungszeiten in sonnenarmen Tageszeiten vermieden werden. Ansonsten tritt eine zu starke Austrocknung des Untergrundes oder das Verdunsten des Mörtelwassers ein, was zur Störung der Versteifung bzw. Abbindung des Putzmörtels führen kann.

Zur Untergrundvorbehandlung eignet sich je Verarbeitungsbedingungen ein Vornässen bzw. ein sogenannter Spritzbewurf. Spritzbewurf ist in der Regel ein wässriges Gemisch aus Zement und feinkörnigen Zuschlagstoffen. Dieser erhöht zusätzlich die spezifische Oberfläche des Putzgrundes und verbessert damit die Haftfähigkeit des Putzmörtels.

Nicht selten ist auch ein ungeeigneter Putzträger die Ursache für eine mangelnde Haftung des Putzes. Weitere Gründe können unterschiedliche Dehnungserscheinungen durch Wärme im betroffenen Bauteil oder chemische Reaktionen mit anderen Baumaterialien sein. Häufig handelt es sich dabei um gegenseitige Wechselwirkungen mit dem Mauerwerk oder innerhalb der einzelnen Putzschichten.

Systeme zur nachträglichen Horizontalabdichtung helfen, das Eindringen von Feuchtigkeit zu verhindern und die Fassade zu schützen. Diese Maßnahmen sind besonders effektiv bei der Fassadensanierung im Altbau, wo historische Bausubstanzen oft anfälliger für Feuchteschäden sind.

Risse im Putz können Feuchtigkeitsschäden und Schimmelpilzbefall fördern. Bei Altbauten können selbst kleinere Risse im Putz langfristig zu größeren Schäden führen.

Selbst kleine Risse, also Risse geringer Rissweiten von 0,1–0,3 mm als Alterungserscheinung, verlangen eine präzise Sanierung, vor allem im Altbau, um die Substanz und auch die ästhetische Integrität der Fassade zu bewahren.

Anstrich- und putztechnische Risssanierungen helfen somit, kleinere Risse im Putz zu schließen und die Fassade wieder optisch ansprechend zu gestalten und die Schutzfunktion zu erneuern. Deshalb ist nach der Entdeckung solcher Schadensbilder eine schnelle Reaktion erforderlich.

In vielen Fällen lässt sich für die Beseitigung eines Putzschadens hydrophober Sanierputz einsetzen. Er wird aus Wasser abweisenden – hydrophoben – Materialien hergestellt und sorgt dafür, dass Feuchtigkeit schwerer eindringen und sich im Putz festsetzen kann. Dieser Putz ist zudem von der Struktur her so auszulegen, dass vorhandenes Wasser an der Oberfläche in kürzester Zeit verdunstet.

Vor dem Auftragen des Sanierungsputzes sind zunächst alle schadhaften Teile zu entfernen und anschließend ein geeigneter Untergrund anzubringen. Je nach Art und Beschaffenheit des Untergrundes kann eine Vorbehandlung erforderlich werden, beispielsweise mit einem Spritzbewurf. Dies umfasst eine mehrstufige

Fassadensanierung zunächst durch Beseitigung der Ursachen der Feuchte- und Salzbelastung, um langfristigen Schutz zu gewähren.

Dabei werden Materialien und Techniken eingesetzt, die eine hohe Atmungsaktivität aufweisen und die Wände von innen trocknen lassen, ohne die Feuchtigkeit einzuschließen. Dies ist besonders wichtig, um das Risiko zukünftiger Schäden zu minimieren.

Schäden an den Fugen des Mauerwerks als Putzuntergrund machen zunächst eine umfassende Fugensanierung notwendig, das bedeutet eine Erneuerung der Fugen mit einem Fugensanierungssystem, um die Fassade wieder wetterbeständig und stabil zu machen. Dies stellt sicher, dass die neuen Fugen eine deutlich geringere Wasseraufnahme haben und somit länger haltbar sind, was den Schutz der gesamten Fassadenstruktur verbessert. Hilfreich kann, wie bereits erwähnt, auch der Einbau einer Putzbewehrung sein, um das Sanierungsergebnis dauerhaft zu machen.

2.3.6 Schäden an Stahlkonstruktionen

Bauteile der Kostengruppen 333, 343, 349

Stahlkonstruktionen sind meist als Alternative von Stahlbetontragwerken insbesondere im Industrie- und Gewerbebau im Einsatz. Sie können als ungeschützte („schwarze") oder durch Korrosionsschutz oder Verzinkung geschützte Konstruktionsteile zum Einsatz kommen.

Ungeschützte und durch Korrosionsschutz geschützte Stahlkonstruktionen

Sofern der Korrosionsschutz zu gering bemessen und ausgeführt wurde, verschlissen oder meist mechanisch beschädigt ist, geht die Schutzfunktion verloren und der Stahl rostet. Bei ungeschützt verwendeten Stahlbauteilen, sofern dies die Einsatzbedingungen zulassen, ist der entstehende Flugrost aber auch zumindest zeitweise als Schutz anzusehen. Schäden an Stahlkonstruktionen sind daher zunächst Schäden am Korrosionsschutz und oft mechanische Beschädigungen z. B. am Anfahrschutz bei Staplerbetrieb.

Bild 16: *Deformierter Anfahrschutz (Quelle: Manfred Kranz)*

Folgeerscheinungen dieser Beschädigungen sind rostende Stahlbauteile. Ähnliches entsteht infolge alterungsbedingten Verschleißes der Schutzschichten. Rost ist chemisch gesehen ein Salz aus Eisen und mit dem Eisen reaktionsfähigen Chemikalien, wie sauren wässrigen Lösungen, deren Wirkungen einer Säure vergleichbar sind, nur mit geringerer Reaktionsgeschwindigkeit. Vermittelnder Stoff ist Wasser in flüssiger oder dampfförmiger Konsistenz.

Bei Korrosion handelt es sich aus technischer Sicht um eine Reaktion eines metallischen Werkstoffs mit seiner Umgebung. Sie führt zu einer messbaren Veränderung des Bauteils, ggf. sofern tragende Querschnitte erfasst werden, zu einer Beeinträchtigung der Funktion des Bauteils oder gar des ganzen Systems. In der Chemie ist Korrosion die chemische Reaktion oder eine elektrochemische Reaktion eines Werkstoffs mit Stoffen aus seiner Umgebung, wobei eine messbare Veränderung am Stahl eintritt. Allgemeiner ausgedrückt bezeichnet Korrosion die allmähliche Zerstörung durch Einwirkungen anderer Stoffe aus seiner Umgebung.

Das angreifende Medium wird als korrosives Mittel beschrieben. Das können feste, flüssige oder gasförmige Stoffe sein, die das Metall umgeben und schließlich die Korrosion verursachen. Zur Korrosion kann es also durch unterschiedliche Reaktionen kommen. Im Wesentlichen wird zwischen chemischer, elektrochemischer und metallphysikalischer Korrosion unterschieden. Überwiegend aufgrund atmosphärischer Umgebungsbedingungen sind Stahlbauteile einer Korrosionsgefahr ausgesetzt.

Bild 17: *Abplatzungen der Korrosionsschutzbeschichtung (Quelle: Manfred Kranz)*

Bild 18: *Anrostung der Stahltragkonstruktion (Quelle: Manfred Kranz)*

Art und Größe der Belastung hängen von der Befeuchtungsdauer der Oberflächen und vom Grad der Verunreinigung der Luft ab. Ist keine Feuchtigkeit in der Umgebung gegeben, dann ist die Geschwindigkeit, mit der die Korrosion bei Eisen und Zink voranschreitet, sehr gering.

Das ist auch der Fall, wenn gasförmige oder feste Verunreinigungen vorhanden sind. Wird bei einem Korrosionsangriff die Funktionalität eines Bauteils beeinträchtigt, liegt ein Korrosionsschaden vor. Die Stärke der Korrosion kann bekanntlich stark variieren. In manchen Bereichen findet sie nur in geringem Maße statt, in anderen greift sie umso schneller um sich.

Erfasst wird sie in Korrosivitätskategorien nach DIN EN ISO 12944-2. Die Kategorien beziehen sich auf atmosphärische Umgebungsbedingungen. Korrosion in der niedrigsten Kategorie, in aller Regel auch als Flugrost bezeichnet, gilt als eher unbedeutend. Dies trifft vor allem auf Innenbereiche zu. Dazu gehören beheizte Gebäuderäume wie etwa Büros.

Eine geringe Stärke liegt bei einer Atmosphäre mit geringer Verunreinigung und trockenem Klima vor. Ein weiteres Beispiel sind ungeheizte Räume, in denen sich Kondenswasser bildet.

Als mittlere Kategorie kann es zu einer mäßigen Korrosion kommen. Grundlage hierfür gibt es in der Stadt- und Industrieatmosphäre sowie in Küstenbereichen mit geringer Salzbelastung. Das trifft auch zu bei Verunreinigungen durch Schwefeldioxid (SO_2). Besitzen Produktionsräume, oder auch technisch genutzte Räume (wie Heizungs- oder Lüftungszentralen) eine vergleichsweise hohe Feuchtigkeit sowie gegebenenfalls verunreinigte Luft, können höhere Korrosionsschutzanforderungen vorliegen.

Industrielle Bereiche in Küstengegenden mit mäßiger Salzbelastung, Chemieanlagen und beispielsweise Schwimmbäder begünstigen eine starke Korrosion. Mit Belastungen in der Regel in der Industrie, also meist sehr starker Korrosion, muss vor allem in den betroffenen Industriebereichen mit hoher Feuchtigkeit und aggressiver Atmosphäre gerechnet werden. Küsten- und Offshore-Bereiche mit hoher Salzbelastung werden analog eingestuft.

In der Praxis werden im Sinne der DIN EN ISO 8044 verschiedene Korrosionsarten unterschieden.

Dies sind, je nachdem wo sie auftreten, im Wesentlichen: Kontaktkorrosion, Lochfraßkorrosion, Muldenkorrosion, Flächenkorrosion, Spannungsrisskorrosion, Schwingungsrisskorrosion, Spaltkorrosion, interkristalline Korrosion, Messerlinienkorrosion, Erosionskorrosion und Unterwanderungskorrosion.

Lochfraßkorrosion entsteht auf offenen Flächen, zum Beispiel durch Niederschläge. Sie ist örtlich begrenzt, dabei ist sie tiefer als ihr Durchmesser. Lochfraß wird verursacht durch Chloride. Es ist die am häufigsten vorkommende Korrosionsart. Der Lochfraß zeigt sich zunächst als nadelstichartiger Angriff. Dabei entwickelt sich eine leicht rotbräunliche Verfärbung der Oberfläche. Nur in sehr schwerwiegenden Fällen können Anzahl und Tiefe der Löcher in dem Maß zunehmen, dass die Oberfläche gleichmäßig und nicht nur nadelstichartig angegriffen wird.

Dabei ist besonders diese Korrosionsart an Bewehrungsstählen zu beachten. Sofern eine Schwächung von tragenden Querschnitten zu verzeichnen ist, besteht gegebenenfalls Einsturzgefahr. Hier ist auch jeden Fall eine statische Betrachtung notwendig.

Auch die Flächenkorrosion entsteht auf der offenen Fläche, zum Beispiel durch Regen. Sehr häufig kommt in der Praxis die Flächenkorrosion vor, die sich parallel zur Oberfläche bildet. Die Gefahr dieser Korrosion ist etwa an Konstruktionen aus Stahl ohne Beschichtung gegeben.

Bild 19: *Flächige Korrosion an der Rahmenstahlkonstruktion einer Verglasung (Quelle: Manfred Kranz)*

Bild 20: *Abplatzung einer Korrosionschutzbeschichtung mit Anrostung und Verdacht auf Bleimennige eines Geländers (Quelle: Manfred Kranz)*

***Bild 21:** Abplatzungen an einer Stütze (Quelle: Manfred Kranz)*

***Bild 22:** Abplatzungen an einem Querträger (Quelle: Manfred Kranz)*

Bild 23: *Anrostung von verzinkten Gitterrosten (Quelle: Manfred Kranz)*

Eine Spaltrisskorrosion ist die Folge von eindringendem Wasser in Öffnungen. Durch die bloße Verbindung zweier unterschiedlicher Metalle kann es zu einer Kontaktkorrosion kommen, wenn der Luftzutritt in dem Spalt behindert wird.

Die Gefahr einer Spaltkorrosion ist größer als die von Lochfraß, denn sie entsteht bereits bei geringerer Belastung. Zu vermeiden ist sie in chloridhaltigen Medien durch konstruktive Maßnahmen.

Das gilt vor allem auch für Bereiche, bei denen sich Feuchtigkeit ansammeln kann. Falls das nicht möglich ist, ist auf einen Stahl mit höherer Korrosionsbeständigkeit zurückzugreifen. Spaltkorrosion kann grundsätzlich konstruktiv oder aber betriebsbedingt sein, also beispielsweise durch die Bildung von Ablagerungen. Einfluss auf den Spalt haben die spaltbildenden Materialarten und außerdem die Spaltgeometrie. Zu vermeiden sind enge Spalten.

Unter Spannungsrisskorrosion ist die Rissbildung unter dem gleichzeitigen Einfluss von rein statischer Zugspannung oder überlagerter niederfrequenter Zugschwellspannung und eines spezifischen Angriffsmittels zu verstehen. Hinzu kommt die Eigenspannung. Treten

Risse in Verbindung mit Schwingungen auf, ist die Rede von Spannungsrisskorrosion.

Bei der Spannungsrisskorrosion treten im Allgemeinen keine sichtbaren Korrosionsprodukte auf. Die Trennung ist verformungsarm. Die interkristalline Korrosion entwickelt sich insbesondere, wenn Chromkarbide durch Wärme in zusammenhängender kritischer Form an den Korngrenzen austreten. Werden Chromkarbide ausgeschieden, bewirkt dies eine Verarmung des Elements Chrom. Damit verringert sich der Anteil des für die Korrosionsbeständigkeit wichtigen Chroms.

Zu einer solchen Wärmeeinwirkung kommt es etwa durch das Schweißen in der Nähe der Schweißnaht, also in der Wärmeeinflusszone. Allerdings tritt interkristalline Korrosion mittlerweile immer weniger auf, da immer häufiger von vornherein ein geeigneter Werkstoff gewählt wird. Bei älteren Stahlkonstruktionen, insbesondere der 60er- bis teilweise der 1980er-Jahre, kam Bleimennige als Grundierung zum Ersatz.

Deren Anwendung entsprach der Bauweise dieser Zeit und stellt eigentlich keinen Bauschaden dar. Aus heutiger Sicht ist Bleimennige aufgrund ihres Hauptbestandteils Bleioxid bei der Sanierung von Korrosionsschutzsystemen als Gefahrstoff eingestuft, was besondere Verarbeitungsbedingungen aus Sicht des Arbeitsschutzes erfordert.

<u>Verzinkte Stahlkonstruktionen</u>

Die Verarbeitung erfolgt im Allgemeinen als Montageelemente aus vorgefertigten und werksseitig verzinkten Bauteilen. Sofern die Verzinkung beschädigt oder verschlissen ist, kann ebenso wie bei dem nicht mehr funktionierendem Korrosionsschutz Rost entstehen. Eine besondere Form der Korrosion der Verzinkung stellt der sogenannte „Weißrost“ dar. Dieser entsteht bei dauerhaft mit Feuchte belasteten Verzinkungsschichten, bei denen die Zinkverbindungen mit dem Wasser reagieren.

Zink korrodiert, wie praktisch alle anderen Metalle auch, allerdings sehr langsam. Korrosionsschutz durch Zink, wie auch der Schutz für die Zinkoberfläche selbst, ist daher eine Frage der Ausbildung dichter, festhaftender dunkelgrauer Deckschichten. Diese übernehmen die Funktion einer Schutzschicht (Zinkpatina), welche das darunterliegende Zink vor weiteren Korrosionsangriffen schützt. Die Deckschichten bestehen überwiegend aus basischem Zinkcarbonat.

Die für die Korrosionsschutzwirkung des Zinks wichtigen Deckschichten können sich jedoch nicht ausbilden, wenn die Zinkoberfläche über einen längeren Zeitraum mit Wasser benetzt ist, das keine oder nur sehr wenig mineralische Stoffe enthält, oder wenn der Luftzutritt und damit das Angebot an CO_2 unzureichend ist.

Stattdessen bildet sich auf der Oberfläche in kurzer Zeit ein weißgraues Zinkkorrosionsprodukt, der sogenannte „Weißrost".

Weißrost ist die Bezeichnung für alle Korrosionsprodukte des Zinks, die als weißgraue Flecken auftreten. Er besteht überwiegend aus Zinkhydroxid, einem geringen Anteil Zinkoxid und ein wenig Zinkcarbonat. Weißrost hat jedoch keine genau definierte Zusammensetzung, da diese von den jeweiligen Entstehungsbedingungen abhängig ist.

In der Praxis wird Weißrost meist bei frisch verzinkten und nicht bei bewitterten Bauteilen zum Problem. Die Schädigung durch Weißrost wird häufig überschätzt, da bei der Bildung von Weißrost bereits geringe Mengen metallischen Zinks bei ihrer Umsetzung große Mengen des lockeren, amorphen, pulverigen Weißrosts ergeben.

Bei einer leichten Weißrostbildung tritt normalerweise keine nennenswerte Schädigung in Bezug auf die Gebrauchsfähigkeit des Bauteils ein, da die normgemäße Dicke des Zinküberzugs in der Regel erhalten bleibt.

Allerdings wird das optische Gesamterscheinungsbild durch die leichte Weißrostbildung beeinträchtigt. Geringe Mengen an Weißrost werden nach Fortfall der auslösenden Bedingungen in eine das Zink schützende Deckschicht umgewandelt.

In Bezug auf die Bewertung der optischen Beeinträchtigung ist grundsätzlich zu bedenken, dass sich der zunächst vorhandene silbrige Glanz ohnehin im Verlaufe einiger Monate verliert und sich sukzessiv in einen hellen Grauton verwandelt. Im Zuge dieses natürlichen Alterungsprozesses egalisieren sich diese weißgrauen Verfärbungen oftmals nahezu vollständig.

Sind die Bedingungen, die die Weißrostbildung ausgelöst haben, nicht mehr vorhanden, breitet er sich auch nicht weiter aus. Bei geringem Weißrostbefall ist daher regelmäßig eine Entfernung des dünnen weißgrauen Belags aus technischer Sicht nicht erforderlich; die Korrosionsprodukte lagern sich vielmehr in die sich langsam bildende Deckschicht ein. Die dauerhafte Befeuchtung kann entweder durch die Kondensation von Wasserdampf an den kälteren Stahlteilen oder eine dauerhaft feuchte Umgebung z. B. im Dachbereich von Hallen infolge mangelhafter Belüftung, entstehen.

Starke Weißrostbildung tritt bei andauernder und intensiver Befeuchtung auf. Sie kann zu einer erheblichen Schädigung des Zinküberzugs, bis hin zu einer lokalen Zerstörung, führen. Eine objektive Aussage über den Umfang einer Schädigung wird in erster Linie durch Messung der noch vorhandenen Zinküberzugsdicke möglich.

Ob Ausbesserungen in der Zinkschicht erforderlich sind, hängt vom Ausmaß der Schädigung ab. Sofern die Dicke des Zinküberzugs die normativ geforderten Mindestwerte noch einhält, kann man sich mit der Beseitigung des Weißrosts begnügen.

Maßnahmen zur Schadenverhütung und -beseitigung

Bei der Sanierung bedeutet Feuchteschutz auch Bauteilschutz. Bei Niederschlägen, Nebel oder hoher Luftfeuchtigkeit sollten verzinkte Stahlteile nicht langfristig im Freien lagern. Ggf. ist das Material unter Dach zu lagern. Der direkte Kontakt von Tausalzen mit verzinkten Oberflächen ist zu unterbinden, da hier chemische Reaktionen nicht immer auszuschließen sind.

Verzinkte Stahlteile sind nicht in hohem, feuchtem Milieu, wie Gras, Pfützen oder Schlamm, abzulagern; verzinkte Stahlteile auf trockene Unterlagen (z. B. Kanthölzer) setzen mit etwa 150 mm Bodenabstand. Eine vollflächige Berührung ist zu vermeiden (gegebenenfalls sind Holzzwischenlagen zu benutzen).

Es ist keine Abdeckung durch Planen oder Folien vorzunehmen, um die Beeinträchtigung durch Kondenswasser zu vermeiden. Ebenso sind Wannenbildung durch Feuchtigkeitsansammlungen bei der Lagerung von Profilen zu vermeiden (offene Profilseite muss nach unten zeigen). Bei der Lagerung möglichst mit leichtem Gefälle lagern, damit Wasser ablaufen kann.

Verzinkte Bauelemente, wie z. B. Schrauben oder Kleinteile, sollten trocken und gut belüftet gelagert und verpackt werden.

Die Lagerung in offenen Holzkisten oder offenen Behältern unter freiem Himmel sollte vermieden werden, da eindringende Feuchtigkeit zu Staunässe und bei verzinkten Bauelementen zu Weißrost führt.

Bei geringfügige Weißrostbildungen ist eine manuelle Beseitigung mittels Drahtbürste zunächst als durchaus ausreichend anzusehen.

Eine Sanierung muss auf jeden Fall zunächst die Feuchteursachen beseitigen, danach kann eine Schadensbeseitigung an den geschädigten Bauteilen durch Nachverzinkung (gegebenenfalls zinkhaltiger Anstrich) oder deren Austausch vorgenommen werden.

2.3.7 Schäden an WDVS

Bauteile der Kostengruppe 335

Allgemeine Anforderungen und Schadensursachen

Entsprechend den rechtlichen Anforderungen der Energieeinsparungsverordnungen ist bei den hoch gedämmten Gebäuden und dem somit zu erreichenden sehr geringen Transmissionswärmeverlust der Fassadenfläche die WDVS eine technische Lösung.

Gedämmte Fassadenflächen eines WDVS bilden an der Außenhaut des Gebäudes eine „Schutzhülle“ für die wärmeumschließende Hüllfläche des Gebäudes.

Schäden an WDVS-Fassaden

Kreisrunde Flecken auf dem WDVS entstehen infolge der Befestigung durch einfache Tellerdübel als punktuelle Wärmebrücken. An diesen Punkten ist die außen liegende Putzoberfläche des WDVS wärmer als die im übrigen Bereich des WDVS liegende Putzfläche. Dies führt dazu, dass an diesen warmen Stellen eine erhöhte Trocknung des Putzes auftritt, welche einen Algenbefall verhindert.

Im äußeren Erscheinungsbild der WDVS-Fassade entstehen so die typischen hellen Flecken, da hier eine gleichmäßige Fassadenverschmutzung/Verfärbung durch den Algenbefall nicht stattfinden kann. Je dicker die Wärmedämmschicht ist, desto größer ist die Temperaturdifferenz zwischen der durch die Dübel verursachten Wärmebrücke und den übrigen Flächen des WDVS. Dies hat wiederum zur Folge, dass sich die Fassadenverfärbungen bei höheren Dämmschichtdicken stärker abzeichnen.

Eine Veralgung auf dem WDVS tritt insbesondere bei Fassadenvorsprüngen durch z. B. Rollladenkästen oder an Verzierungen (Bändern) auf.

Dort kommt es, meist durch falsche Planung verursacht, zu stauender Nässe im Putz, da das Regenwasser aufgrund von fehlendem Gefälle bzw. Tropfkanten nicht gezielt abgeführt werden kann. Dies begünstigt ein Algenwachstum.

Da eine Fassade nicht nur einen Gebrauchswert, sondern auch eine optische Funktion hat und damit eine Außenwirkung erfüllen soll, sind solche Mängel des Fassadenbilds zu vermeiden. Das heißt, dass die Gesamtfunktion der Fassadenfläche gewährleistet werden muss. Dazu gehört neben der reinen baukonstruktiven Funktion auch die Gestaltung, d. h. eine optisch ansprechende Fassade.

Neben den bereits beschriebenen Abzeichnungen der Tellerdübel kann es auch zu großflächigen, hellen Abzeichnungen auf der WDVS-Fassade kommen. Dies ist speziell unter Fensterbrüstungen der Fall, da sich dort üblicherweise in den inneren Nischen Heizkörper befinden.

Speziell bei relativ dünn ausgebildeten Dämmschichten zeichnen sich diese Flächen ab, da die durch den Heizkörper erzeugte Wärme auch die Fassadenaußenfläche erwärmt und so den Trocknungseffekt des Außenputzes verstärkt und einen Algenbewuchs vermindert.

Um dies zu vermeiden, empfiehlt sich die Herstellung dickerer Dämmstärken des WDVS, um damit sicherzustellen, dass die Außenfläche eine relativ gleichbleibende Temperatur aufweisen kann und somit auch eine gleichmäßige Farbveränderung durch die eintretende, meist alterungsbedingte Veränderung der Sichtflächen gewährleistet ist.

Ein weiteres, gegenwärtig und zukünftig vermehrt auftretendes Schadensbild ist die zunehmende Ablösung des WDVS vom Untergrund. Dies ist durch die Alterung der ursprünglich oft nur punktuellen Verklebung bzw. Durchfeuchtung des Untergrunds begründet.

Maßnahmen zur Schadenverhütung und -beseitigung

Um die ungleichmäßigen Verfärbungen in Form des Sichtbarwerdens der Verdübelung zu vermeiden, ist eine Reihe verschiedener Lösungsansätze möglich.

Zum einen sind die punktuellen Wärmebrücken zu vermeiden und weitestgehend zu minimieren, damit es zu einer gleichmäßigen Veränderung der Fassadenoberfläche z. B. durch Algen kommen kann. Dies ist durch den Einsatz spezieller Tellerdübel erreichbar, da diese durch einen zusätzlichen „Stopfen“ gedämmt werden. Weiterhin kann bis zu einer geringen Gebäudehöhe eventuell auf das Verdübeln der Dämmplatten verzichtet werden. Hierbei ist ein vollflächiges Verkleben des WDVS mit dem Untergrund oftmals ausreichend.

Alternativ gibt es Strategien zum grundsätzlichen Vermeiden des Algenbefalls. So kann auch durch eine wesentlich dickere Außenputzschicht und damit eine daraus resultierende hohe Wärmespeicherfähigkeit der Trocknungseffekt vergrößert und das Algenwachstum minimiert werden. Zum anderen ist von einer Verwendung von fungiziden Stoffen zur Algenbekämpfung abzuraten, da dies nur einen temporären, zeitlich begrenzten (nach heutigen Erkenntnissen ca. 2 bis 4 Jahre) Schutz vor Algenwachstum bietet.

Darüber hinaus muss davon ausgegangen werden, dass diese Stoffe aus der Fassade durch Niederschläge ausgewaschen werden und dann u. a. in das Grundwasser versickern. Unter Berücksichtigung der Nahrungskette wurde durch Umweltverbände ermittelt, dass diese Stoffe nach ca. 7 Jahren beim Menschen angelangt sein können. Dies stellt auf Dauer eine gesundheitliche Gefahr dar.

Algenwachstum lässt sich durch eine fachgerechte Planung vermeiden. Dabei sollten horizontale Fassadenvorsprünge im WDVS weitestgehend vermieden werden. Sofern sich diese nicht vermeiden lassen, muss das Regenwasser an den kritischen Stellen z. B. durch Wassernasen gezielt abgeleitet werden. Dies kann ebenso durch ein fachgerecht eingebautes Z-Profil geschehen.

Zur Vermeidung der Ablösung des WDVS vom Untergrund ist zunächst die Feuchtesituation, ggf. unter Berücksichtigung der Diffusionseigenschaften des Gesamtsystems, zu beurteilen. Einer Sanierung der abgelösten WDVS-Flächen müssen Trocknung und Verhinderung einer erneuten Durchfeuchtung des Untergrunds vorausgehen.

Je nach Zustand der Fassade sind unterschiedliche Überarbeitungen von WDVS erforderlich. Bei optischer Verbesserung und/oder Algen- und Pilzbefall sowie bei geringer Rissbildung reicht häufig eine Erneuerung der Beschichtung aus. Ist nur die Putzoberfläche unansehnlich geworden, erfolgt ein ganzflächiges Überspachteln mit Neuverputz. Bei einzelnen Schäden an Ober- und Unterputz oder der Dämmung können diese Fehlstellen partiell ausgebessert werden; bei vollständig zerstörten Oberflächen muss der Putzaufbau komplett ersetzt werden. Reicht die Wärmedämmung energetisch nicht aus oder soll der Dämmwert verbessert werden, kann das vorhandene System überdämmt werden.

2.3.7.1 Anstrich/Beschichtung

Ist die Putzschicht wie auch die Dämmschicht in einem ordnungsgemäßen und wärmetechnisch ausreichenden Zustand, ist häufig lediglich eine Überarbeitung der verschmutzten oder angewitterten Beschichtung erforderlich. Hierzu wird die Oberfläche zunächst durch Druckwasserstrahlen gereinigt und nach ausreichender Trocknungszeit bei normal saugenden Untergründen mit je einer Grund- und Schlussbeschichtung versehen. Bei stark saugenden Untergründen ist zunächst eine entsprechende Grundierung erforderlich.

Bei Rissbildung können rissverschlämmende oder elastische Beschichtungen analog zu WTA-Merkblatt 2-4[1] aufgebracht werden.

Sofern erforderlich, können Anstriche mit algiziden und/oder fungiziden Zusätzen verwendet werden. Bei vorhandenem Algen- und Pilzbefall sollte die nach Reinigung aufzubringende Grundierung bereits biozide Stoffe beinhalten.

2.3.7.2 Oberputz

Auch wenn dicklagige Putzschichten in WDV-Systemen am Markt vorhanden sind, beträgt die Dicke des Oberputzes meist nur 2 bis 6 mm. Bei mechanischen Belastungen, auch durch Hagelschlag, übersteigt die entstehende Druckspannung häufig die Druckfestigkeit des Dämmstoffs, sodass sie von der Armierungsschicht aufgenommen werden muss. Bei dünnen Oberputzen gibt diese Schicht nach, ebenso wie das in der Regel weiche Armierungsgewebe. Durch dessen Verformung bricht der Putz aus, was nur durch di-

[1] WTA-Merkblatt 2-4-14/D Beurteilung und Instandsetzung gerissener Putze an Fassaden, Ausgabe 08/2014, Wissenschaftlich-Technische Arbeitsgemeinschaft für Bauwerkserhaltung und Denkmalpflege e. V. – WTA–, München.

ckere Putzschichten vermieden werden kann. Ab einer Putzdicke von ca. 8 mm ist eine zweilagige Ausführung mit zweiter oberflächennaher Gewebelage sinnvoll.

Zur Instandsetzung einzelner Stellen können Fassaden-, Mineral- oder Mineral-Leichtputze aufgebracht werden, wahlweise als organisch oder mineralisch gebundene Systeme.

Generell ist die Festigkeit des Oberputzes entweder geringer als die des Unterputzes oder sie ist bei beiden Putzlagen gleich. Dünnlagige geriebene Oberputze können jedoch fester als der Unterputz sein, wenn ein Armierungsputz auf Wärmedämmputz oder Leichtunterputz aufgebracht wird, da in diesem Fall durch die geringe Dicke des Oberputzes keine Spannungen auf den Unterputz wirken. Durch die höhere Festigkeit sind diese dünnlagigen Oberputze widerstandsfähiger gegen Abrieb und Witterungseinflüsse.

Werden nur einzelne Stellen instand gesetzt, ist in der Regel zur Kaschierung der bearbeiteten Teilflächen ein ganzflächiger Anstrich des Systems – mindestens auf den jeweiligen Fassadenteilen – erforderlich.

Bei ganzflächigem Überspachteln müssen die zu verwendenden Materialien auf die des vorhandenen Systems – mineralisch oder organisch gebunden – abgestimmt werden. Zunächst wird eine Spachtelmasse mit Gewebeeinlage aufgebracht, dann erfolgt die neue Oberputzschicht, wahlweise als Leichtputz, und ggf. ein Egalisationsanstrich bzw. eine biozide Grund- und Schlussbeschichtung.

2.3.7.3 Unterputz

Ist der Unterputz nur partiell beschädigt, die Dämmschicht noch intakt und dämmtechnisch ausreichend dimensioniert, sind ein ganzflächiges Überspachteln und Neuverputz möglich. Um die Funktionsfähigkeit des Systems zu gewährleisten, müssen Überlappungszonen geschaffen werden. Dies geschieht durch Einschneiden und Ablösen der Beschichtung vom Dämmstoff. Nach dem

Abschaben des Oberputzes zuzüglich 5 cm umlaufend zu diesem Bereich wird der Oberputz abgeschabt und dann die Armierungsschicht mit einer Zugabe von ca. 10 cm umlaufend entfernt.

Ist der Unterputz komplett schadhaft, wird zunächst die gesamte Beschichtung abschnittsweise ca. 5 mm tief eingeschnitten und abgeschält („Abstrippen“).

2.3.7.4 Armierungsschicht

Bei partieller Beschädigung von Unter- und Oberputz, jedoch intakter Wärmedämmung muss nach Entfernung der Schichten in den entsprechenden Bereichen zunächst eine Armierungsschicht aus Spachtel- oder Klebemassen aufgebracht werden. Hierbei ist auf die entsprechende Überlappung zum bestehenden System zu achten.

Es stehen organische Systeme, z. B. pastöse Dispersionsputze mit geringen Dicken, jedoch guter Resistenz gegenüber mechanischen Belastungen (Hagelschlag u. a.) zur Verfügung. Bei mineralischen Systemen ist für diese Widerstandsfähigkeit die Putzstärke ausschlaggebend, sodass dicklagige Systeme ausgeführt werden sollten. Dies hat zudem den Vorteil, dass sich die Stöße der Dämmplatten nicht in der Oberfläche abzeichnen und diese Stoffe eine höhere Wärmespeicherfähigkeit besitzen.

2.3.7.5 Dämmung als Putzträger

Ist die Dämmschicht nur partiell zerstört, wird zunächst wie bei der stellenweisen Ablösung des Unterputzes vorgegangen. Zusätzlich müssen die beschädigten Dämmplatten herausgelöst werden und ein passend zugeschnittenes Dämmplattenstück eingeklebt werden.

Bei vollständiger Erneuerung von Unter- und Oberputz müssen Polystyrol-Dämmplatten überschliffen und ggf. beschädigte Dämmplatten ausgetauscht werden. Je nach Belastung ist zusätzlich zum

Kleben oder alternativ dazu eine Befestigung durch Dübel erforderlich. Die Befestigungsart ist weiterhin abhängig von der Unebenheit des Untergrunds; bei Unebenheiten bis 1 cm reicht eine Verklebung, betragen sie bis 2 cm, muss zusätzlich gedübelt werden und bei Unebenheit bis 3 cm erfolgt die Befestigung durch Schienen.

Dämmungen aus Polystyrol-Hartschaumstoffplatten werden entweder mit den Zähnen einer Säge aufgeraut oder mit einer Haftbrücke vorbehandelt. Der Putz wird zweilagig mit einem Armierungsgewebe „nass in nass“ mit einer Mindestdicke von 1,5 cm und einer Überlappung des Gewebes von mindestens 1 cm bzw. 2 cm auf benachbarte Bauteile aufgebracht. Öffnungen müssen in den Ecken zusätzlich diagonal mit Gewebe versehen werden.

Auf Holzwolle-Leichtbauplatten und Mehrschichtbauplatten ist ein vollflächiger Spritzbewurf erforderlich, wenn sie nicht direkt mit der Tragkonstruktion verbunden sind. Nach mindestens drei Wochen Standzeit wird der Putz entweder einlagig mit ca. 1,5 cm Dicke oder zweilagig mit einer Gesamtdicke von 2 cm (erste Schicht ca. 1,5 cm), jeweils mit Armierungsgewebe, aufgebracht.

Zur Erhöhung der Stoßfestigkeit können zusätzlich Putzträgerplatten, z. B. aus Blähglasgranulat oder als zementgebundene Bauplatten, verwendet werden, die mit dem mindestens 8 mm dicken Armierungsputz, ggf. mit einer zweiten Gewebelage, überputzt werden.

2.3.7.6 Aufdopplung

Ist ein älteres WDV-System zwar noch technisch in Ordnung, entspricht aufgrund der Dämmstärken und/oder Wärmeleitfähigkeitsgruppe nicht mehr den heutigen Anforderungen, besteht die Möglichkeit der Aufdopplung. Dadurch entfallen sowohl Entfernung als auch Entsorgung der vorhandenen Materialien, ggf. müssen lediglich lose Stellen des Oberputzes entfernt werden, in jedem Fall muss der Putz gründlich gereinigt werden. Durch die Aufdopplung werden optische Mängel, wie z. B. geringfügige Risse oder Dübelabzeichnungen, gleichzeitig saniert.

Zunächst muss die Tragfähigkeit des alten Systems geprüft werden, da die neuen Aufbauten in einigen Fällen nicht an der Tragkonstruktion, sondern am vorhandenen Aufbau befestigt werden können. Je nach vorhandenem Aufbau empfiehlt sich jedoch eine Dübelung an der Tragkonstruktion durch Alt- und Neusystem hindurch an der tragenden Unterkonstruktion. Zur Prüfung des Alt-Systems muss dieses an mind. fünf Stellen auf eine Fläche von mindestens 0,50 m^2 geöffnet werden. Ist die Haftzugfestigkeit des Oberputzes nicht mehr gewährleistet, muss er komplett entfernt werden. Haften auch in bestimmten Bereichen die Dämmplatten nicht mehr hinreichend am Untergrund, müssen diese ebenfalls entfernt bzw. ersetzt werden. Mehrfach-Aufdopplungen sind nicht zulässig, bei Befestigung des Alt-Systems ausschließlich mit einem Schienensystem ist eine Aufdopplung nicht möglich.

Die Auslegung des Aufbaus und der Schichtdicken, insbesondere der Dämmung mit einem Mindestmaß von 4 cm, erfolgt gem. den Anforderungen des Gebäudeenergiegesetzes. Die gesamte Dämmstoffdicke aus Alt- und Neusystem darf höchstens 20 cm, bei vorhandener EPS- oder HWL-Dämmung mit neuer EPS-Dämmung höchstens 40 cm betragen. Da auf dem Altsystem aufgebaut wird, wird die neue Dämmschicht in der Regel sowohl vollflächig verklebt als auch gedübelt. Als sinnvoll haben sich Dämmplatten mit Nut und Feder zur Überdeckung des vorhandenen Verlegerasters erwiesen. Für Anschlüsse an Öffnungen sowie einbindende Bauteile gelten die gleichen Regeln wie bei einem neu anzubringenden System.

Durch die durch Aufdopplung erreichte Gesamtdämmstoffdicke von mehr als 10 cm sind bei Verwendung brennbarer Dämmstoffe, z. B. EPS, entsprechende Brandschutzmaßnahmen wie umlaufende Brandriegel oder am Sturz angebrachte Mineralwollstreifen erforderlich. In den Bereichen, die Streifen bzw. Brandriegel aus nichtbrennbaren Dämmstoffen erfordern, müssen die vorhandenen Dämmplatten entfernt und in gesamter Dämmdicke bspw. durch Mineralwolle ersetzt werden.

Generell gelten für die Aufdopplung die gleichen Regeln wie für ein Neusystem. Bei Anforderungen an den Brandschutz müssen die

Brandriegel ggf. durch Entfernen der vorhandenen Schichten bis auf die Tragkonstruktion ausgeführt werden.

2.3.7.7 Komplettaustausch

Sind die Dämmplatten durch eine schadhafte Putz- bzw. Beschichtungsschicht bereits durchfeuchtet, ist ein Komplettaustausch unumgänglich. Hierbei ist darauf zu achten, dass die möglicherweise bereits in die Tragkonstruktion eingedrungene Feuchtigkeit vor Anbringen des neuen WDV-Systems abtrocknen kann und/oder konstruktionsbedingte Feuchtigkeitsschäden beseitigt werden.

Bei der Entsorgung der alten Materialien sind die Recyclingmöglichkeiten zu untersuchen. Gemäß einer Forschungsarbeit im Auftrag des Fachverbands Wärmedämmverbundsysteme, gefördert durch das Bundesinstitut für Bau-, Stadt- und Raumforschung, kann der häufig verwendete Dämmstoff EPS durch Zerkleinerungs- oder Konversionsverfahren in andere Stoffe umgewandelt werden bzw. durch Verbrennung Gas, Strom und Dampf erzeugen.

Die hauptsächlich verwendeten Dämmstoffe sind EPS und Mineralwolle. Daneben können weitere organische oder anorganische Stoffe eingesetzt werden, abhängig von den erforderlichen Eigenschaften. EPS, XPS, PUR und Schaumglas sind danach auch für die Perimeterdämmung geeignet.

Tabelle 1: *Eigenschaften der Dämmstoffe für WDVS (Quelle: Ingrid Kaiser)*

Dämmstoff	**Wärmeleitfähigkeit λ [W/K]**	**Brandverhalten gem. DIN 4102-1[2]**	**Wasserdampfdiffusionswiderstand μ [-]**	**Rohdichte ρ [kg/m³]**	**weitere Eigenschaften**
		organisch, porig, künstlich			
EPS	0,020–0,040	B1, B2	20–100	15–30	feuchtebeständig, nicht UV-beständig
XPS	0,030–0,040	B1, B2	80–300	20–60	feuchtebeständig, nicht UV-beständig
PUR	0,025–0,030	B1, B2	30–250	i. M. 30–250	feuchtebeständig, wasserabweisend, schimmel-/fäulnisresistent, temperaturbeständig
		organisch, porig, natürlich			
Kork	0,045	(B2)	5–10	80–500	feuchtebeständig, gute Wärmespeicherfähigkeit/ Schalldämmung
		organisch, faserig, natürlich			
Holzfasern	0,040–0,055	B2	5–10	170 – 230	guter Schallschutz, gute Wärmespeicherung

[2] DIN 4102-1:1998-05 – Brandverhalten von Baustoffen und Bauteilen – Teil 1: Baustoffe; Begriffe, Anforderungen und Prüfungen.

Tabelle 1: *Eigenschaften der Dämmstoffe für WDVS (Quelle: Ingrid Kaiser)*

Dämmstoff	**Wärmeleitfähigkeit λ [W/K]**	**Brandverhalten gem. DIN 4102-1**[2]	**Wasserdampfdiffusionswiderstand μ [-]**	**Rohdichte ρ [kg/m³]**	**weitere Eigenschaften**
Schilf	0,038–0,055	meistens B2	2	190–225	feuchtebeständig, pilz-/fäulnisresistent, gute Schalldämmung
Hanf	0,040–0,045	B2	1–2	20–42	gute Schalldämmung
Schafwolle	0,040	B2	1–2	20–140	feuchteregulierend, gute Schalldämmung
anorganisch, porig, natürlich					
Perlite	0,050–0,055	A1	5–6	50–100	feuchteregulierend, temperaturbeständig
Schaumglas	0,040–0,060	A1, A2	dampfdicht	100–165	wasserabweisend, frostbeständig
anorganisch, faserig, natürlich					
Mineralwolle	0,030–0,040	A1, A2	1–2	15–80	schimmelresistent, feuchteempfindlich
Aerogel	0,014–0,021	B1, B2	2–18	90–170	hochdämmend

Die Befestigung der Dämmung kann über Kleben, Dübeln und Schienensysteme erfolgen, in Abhängigkeit von der Ebenheit des Untergrunds und den allgemeinen bauaufsichtlichen Zulassungen (abZ) hinsichtlich der Standsicherheit:

- Typ I: geklebt, Polystyrol-Hartschaum
- Typ II: Schienenbefestigung
- Typ III: geklebt und gedübelt
- Typ IV: geklebt, Mineralwolle

Bei Anschlüssen an Öffnungen, insbesondere im Fenster- und Fensterbankbereich und im Übergang zu anderen Bauteilen, werden in der Regel vorkomprimierte Fugendichtbänder zur Aufnahme von Bewegungen in der Konstruktion eingesetzt. Sie müssen vor allem witterungs- und UV-beständig, diffusionsoffen und schlagregendicht sein und gleichzeitig die Luftdichtheit der Gebäudehülle gewährleisten.

Tabelle 2: *Beanspruchungsgruppen von Fugendichtbändern gem. DIN 18542*[3]

Eigenschaft	**Beanspruchungsgruppe**		
	BG 1	**BG 2**	**BG R**
Fugendurchlasskoeffizient, a-Wert [$m^3/hm(daPa)^n$]	< 1,0		
Luftdichtheit [$m^3/hm(daPa)^{2/3}$]	< 1,0		
Schlagregendichtheit von Fugen bei $\Delta\rho$ [Pa]	≥ 600	≥ 300	-
Schlagregendichtheit von Fugenkreuzungen bei $\Delta\rho$ [Pa]	≥ 600	-	-
Temperaturbeständigkeit [°C]	-20 bis 80	-20 bis 60	
Beständigkeit gegen Licht- und Feuchteeinwirkung	muss sicher-gestellt sein	-	-
Verträglichkeit mit angrenzenden Baustoffen [°C]	≤ 80	≤ 60	

[3] DIN 18542 – Abdichten von Außenwandfugen mit imprägnierten Fugendichtungsbändern aus Schaumkunststoff – Imprägnierte Fugendichtungsbänder – Anforderungen und Prüfung.

Tabelle 2: *Beanspruchungsgruppen von Fugendichtbändern gem. DIN 18542*[3]

Eigenschaft	Beanspruchungsgruppe		
	BG 1	BG 2	BG R
Beständigkeit gegen Tauwasser, rel. Luftfeuchte [%] bei 85 °C	-	-	100
Wasserdampfdurchlässigkeit, sd-Wert [m]	≤ 0,5		ermittelter Wert
Brandverhalten	B1	B2/E	

Für den Außenbereich sind im Allgemeinen nur Fugenbänder der Beanspruchungsgruppe BG 1 zulässig, bei BG 2 müssen die Fugenbänder durch Abdeckung vor direkten Witterungseinflüssen geschützt werden.

2.3.8 Estrich-Instandsetzung

Bauteile der Kostengruppe 354

Allgemeine Anforderungen und Schadensursachen

Risse im Estrich durch Schwinden, vorwiegend aufgrund thermischer Einflüsse, führen immer wieder bei Mangel- bzw. Schaden-Diskussionen zu Diskrepanzen. In der Regel stellen diese Risse keinen technischen Mangel dar, sondern lediglich einen optischen, soweit die Funktionsfähigkeit nicht eingeschränkt ist. Somit sind sie zunächst auch nicht in die Kategorie der Bauschäden einzureihen. Besonders im Industriebau, wo der Estrich als Nutzschicht dient, kann durch die Risse Feuchtigkeit in den Untergrund gelangen und somit zu Feuchteschäden führen.

Ausgewählte Schadensbilder „Estrich“

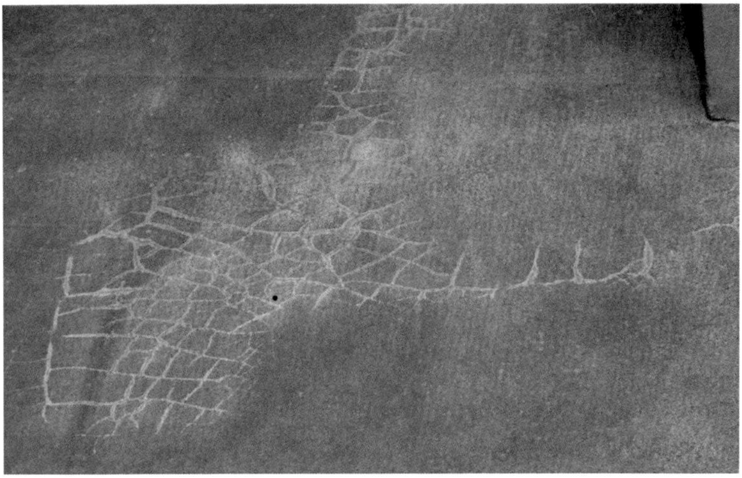

Bild 24: *Netzrisse im Estrich (Quelle: Ingrid Kaiser)*

Ob aus optischen oder Feuchteschutz-Gründen sollten die Risse sach- und fachgerecht verschlossen werden, das bedeutet, einen kraftschlüssigen Verbund herzustellen. Stattdessen werden häufig Spachtelmassen eingebracht, die sich im Laufe der Zeit ablösen und damit auch zur Ablösung aufgebrachter Beschichtungen oder Bodenbeläge führen.

Epoxidharz hat sich zum Schließen der Risse u. a. durch gute Verarbeitbarkeit bewährt. Vor dem Einbringen des Harzes werden die vorhandenen Risse V-förmig aufgeschnitten. Größere Sicherheit bietet die zusätzliche Verwendung von Estrichklammern. Hierzu werden im Abstand von ca. 0,30 m Schnitte rechtwinklig zum Riss mit einer Länge von ca. 0,10 m und einer Breite von ca. 2,5 mm durchgeführt. In diese werden die Estrichklammern eingelegt. Vor dem Verschließen mit Epoxidharz müssen die Risse und Einschnitte staubfrei sein (Absaugen mit Industriesaugern oder Druckluft), um die Haftung zu gewährleisten. Weiterhin muss der Estrich ausreichend trocken sein, andernfalls entstehen später erneut Risse. Das Harz muss die Risse/Einschnitte vollständig bis Oberkante Estrich ausfüllen. Anschließend wird die Oberfläche im Bereich der

Reaktionsharze mit Quarzsand abgestreut, um die Haftung weiterer Schichten zu verbessern.

Alternativ kann Polyurethanharz (PU-Harz) verwendet werden, das eine höhere Dehnungsfähigkeit besitzt. Beide Reaktionsharze sind geeignet für:

- Zement-Estrich (CT)
- Calciumsulfat-Estrich (CA)
- Kunstharz-Estrich (SR)
- Magnesia-Estrich (MA)
- Gussasphalt-Estrich (AS)

Nicht ausreichende Festigkeit, falsche Estrichmischungen oder Trocknung sowie Hohlstellen (unzureichender Untergrund) oder zu hohe Belastung in der Nutzung können zu Brüchen im Estrich führen. In diesem Fall müssen die geschädigten Bereiche vollständig bis auf die darunterliegende Schicht rechteckig ausgeschnitten werden. Hierbei ist bei schwimmenden Estrichen zu prüfen, ob die Dämmung funktionstüchtig, insbesondere nicht durch die Brüche durchfeuchtet ist, ansonsten muss sie in diesem Bereich ebenfalls ausgetauscht werden.

Maßnahmen zur Schadensverhütung und -beseitigung

Bei Zement-Estrichen können die Schnittkanten mit Epoxidharz bestrichen und direkt anschließend der Ausschnitt-Bereich mit Schnellestrich verfüllt werden. Dabei ist auf eine ausreichende Verdichtung der Estrich-Masse zu achten.

Bei Calciumsulfat-Estrichen müssen im Randbereich des Estrich-Ausschnitts Randstreifen mit einer Mindestdicke von 5 mm gestellt werden, bevor der Schnellestrich eingefüllt und verdichtet wird. Ist der Estrich nach ca. ein bis drei Tagen erhärtet, werden die Randstreifen entfernt und – wie bei der Riss-Sanierung – mit Reaktionsharzen vollständig verfüllt.

Bei Gussasphalt-Estrichen können nach dem Ausschneiden der defekten Bereiche aufgrund ihrer geringen Dicke (i. M. 30 mm) die Ausschnitt-Bereiche komplett mit Reaktionsharzen verfüllt werden.

Bei Heizestrichen muss beim Einschneiden die Lage der Heizleitungen berücksichtigt werden, um deren Beschädigung zu vermeiden. Liegen keine Verlegepläne vor, kann ggf. die Lage durch Thermografie zumindest annähernd festgestellt werden.

Die vorgenannten Maßnahmen können auch bei der erforderlichen Ergänzung von Estrichflächen, z. B. durch Abbruch von Innenwänden oder bei nachträglicher Verlegung von Leitungen/Kanälen im Boden, angewandt werden.

Bei allen dargestellten Instandsetzungen wird davon ausgegangen, dass die Risse nur im Estrich entstanden sind. Daher muss jeweils geprüft werden, ob der Untergrund, in der Regel Stahlbeton, riss- und schadensfrei ist.

2.3.9 Innenputz-Schäden

Bauteile der Kostengruppe 345

Allgemeine Anforderungen und Schadensursachen

Nach Ermittlung der Rissursachen ist für die Wahl des Verfahrens zunächst zu klären, ob es sich um ruhende Risse handelt oder ob noch Rissbreitenänderungen zu erwarten sind, wie es bei konstruktionsbedingten Rissen der Fall ist. Bei Schubrissen ist die Instandsetzung der Einzelrisse in der Regel sinnvoll, während bei umfangreichen Rissbildungen meist die flächige Instandsetzung bzw. eine komplette Erneuerung erforderlich ist.

Die Untergrundbeurteilung ist der nächste wichtige Schritt; hierzu sind häufig Analysen der verwendeten Stoffe im Labor erforderlich und/oder die Prüfung des Tragverhaltens der vorhandenen und ggf. erhaltenswerten Materialien.

Zunächst ist die Tragkonstruktion auf Standfestigkeit und Feuchtebelastung zu untersuchen, wobei aus der Ursachenanalyse der Rissbildung hier wichtige Ergebnisse einfließen. Bewegungen im Gebäude wie Durchbiegungen von Decken oder Unterzügen sowie lastabhängige Verformungen (Kriechen) tragender Wände und

Stützen müssen analysiert und durch konstruktive Maßnahmen möglichst weitgehend behoben werden.

Dies ist auch bei Rissbildung durch Erschütterungen erforderlich; zusätzlich müssen bei Dauererschütterungen, z. B. durch Industrieanlagen, Schienenwege, in Bergbau oder erdbebengefährdeten Gebieten, Mittel zum Erschütterungsschutz, z. B. an der Erschütterungsquelle, im Ausbreitungsbereich (Trennung des Ausbreitungswegs durch Bodenschlitze) oder durch seitlichen Schutz mit elastischen Matten, bereitgestellt werden.

Schadensbilder „Innenputz"

Sind Fugenrisse, bei Mauerwerk sogenannte Stein-Putz-Risse aufgetreten, muss der unmittelbare Putzgrund betrachtet werden. Treten dort bereits Risse auf, handelt es sich i. A. um konstruktive Gründe der Rissbildung. Die häufigsten Ursachen von Fugenrissen liegen gem. der Bezeichnung tatsächlich in der Verfugung des Untergrunds. Sind die Fugen nicht vollflächig ausgeführt oder weisen sie Fehlstellen auf, können sie nachbearbeitet werden. Bei mangelhaftem Mauermörtel, Versätzen im Mauerwerk oder anderen größeren Unebenheiten und bei durchfeuchtetem Mauerwerk müssen zusätzliche Maßnahmen bei der Putzinstandsetzung, bspw. Spritzbewurf, Putzbewehrung, Armierungsputz, Putzträger oder Bewegungsfugen im Putz, ergriffen werden. Diese werden im Folgenden näher beschrieben.

Putz- und ausführungsbedingte Risse sind häufig auf zu geringe oder zu große Putzdicken bzw. sprunghafte Wechsel in der Putzdicke zurückzuführen. Je nach Umfang muss hier entschieden werden, ob die Verfahren für Einzelrisse angewendet werden können. Liegen generell Festigkeitsunterschiede zwischen Untergrund und Putz vor, ist meist eine flächige Instandsetzung erforderlich.

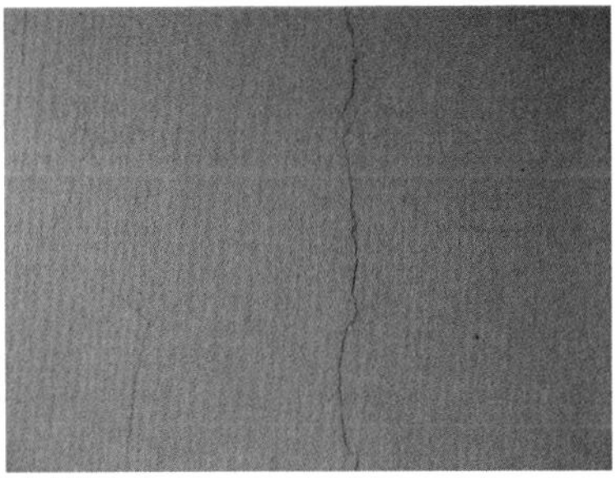

Bild 25: *Ausführungsbedingte Risse im Innenputz (Quelle: Ingrid Kaiser)*

Bei allen Instandsetzungsverfahren müssen die Stoffe aufeinander (Herstellersystem) und auf den Untergrund abgestimmt sein. Hinweise für die Auswahl der entsprechenden Verfahren enthält das WTA-Merkblatt 2-4.

Die generelle Unterteilung der Putze erfolgt nach den Bestandteilen in mineralische und organische Putzmörtel.

Mineralische Putze nach DIN EN 998-1 sind gekennzeichnet durch die Gesteinskörnungen und Füllstoffe, wie Quarzsand, Gesteinsmehle, Ziegelsplitt und Kalkstein; leichte natürliche Gesteinskörnungen, z. B. Blähton, Blähglas, Bims, Perlite, Kork oder künstliche wie expandiertes Polystyrol (EPS), werden den Leichtputzen zugefügt. Die Bindemittel Kalk, Zement oder Gips bewirken die Diffusionsoffenheit, d. h., aufgenommene Feuchtigkeit trocknet schnell wieder ab. Durch den hohen pH-Wert ist eine gute Resistenz gegen Schimmel-, Moos- und Algenbefall gegeben und sie sind i. d. R. nicht brennbar (Baustoffklasse A1 gem. DIN 4102-1). Allerdings benötigen mineralische Putze längere Trocknungszeiten und farbige Putze einen Egalisationsanstrich als Farbschutz.

Organische Putze nach DIN EN 15824 enthalten als Bindemittel neben Gips Kunstharz, Polymerdispersion oder Siliconharzemulsion, wodurch sie elastischer (Aufnahme von Verformungen des Untergrunds) und wasserabweisender sind; gleichzeitig sind sie durch bessere Haftungseigenschaften leichter aufzubringen und trocknen schneller als mineralische Putze. Als Gesteinskörnungen werden auch Glasmehl, Glasfaser oder Stroh eingesetzt. Wegen der geringeren Diffusionsoffenheit, die ein langsameres Abtrocknen nach Feuchteanfall bewirkt, ist zur Vermeidung von Pilz- und Algenbefall ggf. die Zugabe von Fungiziden und Algiziden erforderlich.

Die Trockenrohdichte von Normalputzen (GP) ist > 1.300 kg/m^3, die von Leichtputzen (LW) Typ I liegt zwischen 1.000 und 1.300 kg/m^3 und die von Leichtputzen Typ II (auch: Faserleichtputz, Ultraleichtputz oder Superleichtputz) ist < 1.000 kg/m^3. Leichtputze werden bei entsprechend wärmedämmendem Mauerwerk aufgebracht; Leichtputze Typ II weisen zudem eine höhere Elastizität und damit geringe Schwindverformung auf.

Der Wasseraufnahmekoeffizient bezeichnet die Wassersaugfähigkeit und gibt damit u. a. Auskunft über die Regenschutz-Eigenschaften von Außenputzen nach DIN 4108-3.

Gemessen werden die Saugeigenschaften des Außenputzes durch den Wasseraufnahmekoeffizienten Ww [kg/m^{2*}h0,5], der die Wasseraufnahmemasse pro m^2 und Stunde angibt. Gleichzeitig muss die wasserdampfdiffusionsäquivalente Luftschichtdicke sd [m] berücksichtigt werden.

Maßnahmen zur Schadensverhütung und -beseitigung

Innenputze werden allgemein mit einer Dicke von ca. 1,5 cm, die an einzelnen Stellen auch nur 1 cm betragen darf, ein- oder mehrlagig ausgeführt, aus Werktrockenmörtel einlagig mit einer Dicke von 1 cm und Dünnlagenputze bis 0,6 cm, an Einzelstellen sind Dicken von mindestens 0,3 cm zulässig.

Wenn die Putze nicht mit Bekleidungen versehen werden sollen, können die Oberflächen analog zu den Techniken bei Außenputzen strukturiert werden.

Gipstrockenmörtel können einlagig verarbeitet werden mit einer Dicke von mindestens (nur an einzelnen Stellen) 0,5 cm, im Mittel 1 cm, als Untergrund für Fliesen- und Plattenbeläge mindestens 1 cm und bei Decken mit höchstens 1,5 cm, bei größeren Dicken sind an Decken Putzträger erforderlich. Nach dem Antrocknen der Putzschicht wird die Oberfläche mit einem groben Schwamm überarbeitet, bevor sie geglättet oder gefilzt wird. Bei größeren Putzdicken wird zweilagig verarbeitet; die erste Schicht wird abgezogen, nach dem Abtrocknen mit einer Aufbrennsperre grundiert und nach deren Austrocknen die zweite Schicht aufgebracht. Gipsputze eignen sich auch für normale häusliche Feuchträume, nicht jedoch für hohen Feuchteanfall. Bei Aufbringen auf Beton ist immer eine Haftbrücke aus alkalibeständigen Dispersionen mit einer Trocknungszeit von mindestens einem Tag auf dem trockenen und staubfreien Untergrund empfehlenswert.

Kalkputze können einlagig mit einer Dicke von 1,5 cm oder mehrlagig verarbeitet werden. Hierzu wird ca. 0,5 cm vorgespritzt, „nass in nass“ die nächste Schicht mit einer Dicke von ca. 3 bis 4 mm aufgetragen und rabotiert. Nach der erforderlichen Standzeit wird die letzte Schicht aufgebracht und geglättet. Kalkputze weisen gute Wasserdampfdurchlässigkeit und kapillares Saugvermögen auf und können bei üblicher Feuchtebelastung auch in häuslichen Feuchträumen eingesetzt werden.

Kalk-Zement-Putz wird wie Kalkputz verarbeitet, ist aber fester und feuchtebeständiger, weshalb er auch in Nassräumen und auf feuchten Untergründen verwendet werden kann.

Zementputze werden analog verarbeitet, sind sehr druckfest und dadurch sehr dicht und wenig verformbar, sodass sie nur auf Untergründen mit geringer thermischer oder konstruktiver Bewegung verwendet werden können. Dafür haben sie eine hohe Feuchtebeständigkeit und können in allen Feucht- und Nassbereichen eingesetzt werden.

Lehmputz wird meist einlagig oder als Oberputz mit einer Dicke von 1 bis 1,2 cm, bei Dünnputzen 3 bis 5 mm, auf Lehmwänden, Mauerwerk, Trockenbauplatten oder Decken aufgebracht und nach dem Antrocknen geglättet. Bei zweilagiger Verarbeitung hat der Unterputz in der Regel eine Dicke von 1 bis 2 cm und muss gut trocknen, um Schwindrisse zu vermeiden. Aufgrund ihrer Bestandteile – Lehm und Zellulosefasern – besitzen Lehmputze nur einen geringen Widerstand gegen mechanische Belastung und Feuchtigkeit, sind aber für häusliche Feuchträume, außer im Spritzbereich, geeignet.

Als Sonderform wird Stuckmarmor mit Marmorgips und Farbstoffen auf einem Unterputz aus Stuckgips aufgetragen, gespachtelt, poliert und nach dem vollständigen Trocknen gewachst. Stuckmarmor muss in der Regel mindestens der Qualitätsstufe Q3, meist aber Q4 entsprechen.

Dispersionsputz (auch: Kunstharzputz) wird normalerweise zweilagig als Unterputz und Oberputz ausgeführt. Er erhält seine Eigenschaften durch sein Bindemittel Polymerdispersion: geringe Wasseraufnahme, hohe Dehnfähigkeit und Alkalibeständigkeit. Insbesondere die geringe Feuchtaufnahme-Fähigkeit kann in Innenräumen problematisch für den Feuchtehaushalt und damit das Raumklima sein.

Dispersions-Silikatputz (auch: Silikatputz) enthält ebenfalls Polymerdispersion, zusätzlich Kali-Wasserglas und kann nur auf mineralischen Untergründen eingesetzt werden.

Innenputze können feuchte- und damit salzbelastet sein. Vor Beginn von Sanierungsmaßnahmen muss für ausreichende Trocknung und damit Abführung der Luftfeuchtigkeit durch Lüften bzw. Heizen und ggf. Einsatz von Entfeuchtern gesorgt werden. Der Altputz wird abgeschlagen und die Fugen werden ca. 2 cm ausgekratzt, bevor bei geringer bis mittlerer Salzbelastung, einer Durchfeuchtung unter 8 % und einer relativ gleichmäßigen Putzdicke von bis zu 3 cm zunächst ein Haftgrund aufzubringen ist, bevor der mindestens 2 cm dicke Sanierputz aufgetragen wird. Bei höherer Durchfeuchtung und größeren bzw. unregelmäßigen Putzdicken ist der Putzgrund in zwei Lagen, zunächst ca. 1 bis 2 cm dick, dann 2 cm dick aufzubringen; gegebenenfalls ist eine mindestens 1 cm dicke Grundputzschicht mit mehreren Lagen Oberputz erforderlich.

2.3.10 Schäden am Trockenbau

Bauteile der Kostengruppen 342, 353

Allgemeine Anforderungen und Schadensursachen

Wände

Klassisch werden **Gipskarton-Ständerwerkswände** für eine variablere Raumaufteilung eingesetzt, sie sind jedoch Bewegungen und Verschiebungen im Gebäude ausgesetzt. Dies führt zu Rissbildungen, den häufigsten Schäden in Trockenbau-Wänden. Hinzu kommen thermische und (Luft-)Feuchte-Einflüsse, die zu Längen-Änderungen in den Gipskarton-Bekleidungen führen. Insbesondere in langen Fluren kommt es zu nicht unerheblichen Längenänderungen der Platten durch Temperatur-Änderungen und zu einer Ausdehnung der Platten, während die Unterkonstruktion sowie die anschließenden massiven Bauteile nahezu starr bleiben. Dadurch bilden sich häufig Risse. Auch durch schwankende Luftfeuchte, die die Platten aufnehmen bzw. abgeben, entsteht eine Volumenänderung.

Beispielrechnung:

Ausdehnungskoeffizient: 0,013 bis 0,020 mm/m·K

Wandlänge: 15 m, Temperatur-Erhöhung von 15 °C auf 20 °C = 5 K

Längenänderung: 0,013 bis 0,020 x 15 x 5 = 0,975 bis 1,500 mm

Feuchteänderung: 2 % → Längenänderung 0,45 mm/m

Längenänderung: 0,45 x 15 = 6,750 mm

Schadensbilder „Trockenbau“

Bild 26: *Senkrechter Riss in Trockenbauwand (Quelle: Ingrid Kaiser)*

Bei großen Wandlängen in Verbindung mit Temperatur- und/oder Feuchte-Schwankungen müssen daher die Anschlüsse gleitend ausgeführt werden; dauerelastische Fugen reichen nicht aus. Bereits in der Bauphase sowie bei Inbetriebnahme der Räume sollten zur Vermeidung der Schwankungen die Trocknungsphasen aller umgebenden Baustoffe sowie die Aufheiz-Phasen berücksichtigt werden.

Auch Veränderungen, z. B. Durchbiegungen der Tragkonstruktion, wirken sich durch Rissbildung auf die Ständerwerkswände aus.

Ab einer Wandlänge von ca. 15,00 m sollten Bewegungs- bzw. Dehnfugen ausgebildet werden; diese sind auch in der Ebene von Bewegungsfugen der tragenden Konstruktion erforderlich.

Bild 27: *Senkrechter Abriss in der Wand-Eckausbildung (Quelle: Ingrid Kaiser)*

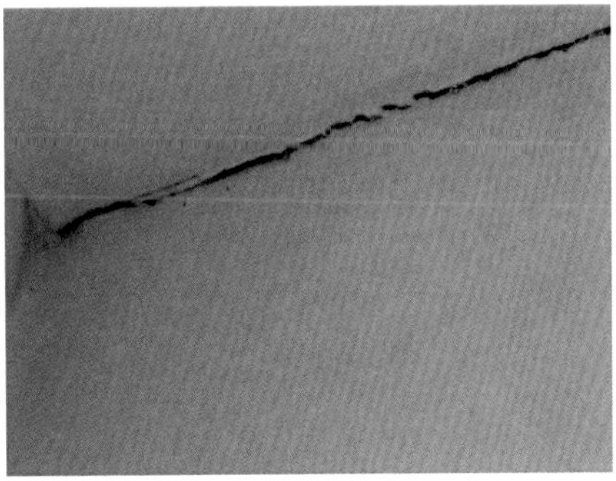

Bild 28: *Waagerechter Abriss im Anschluss Wand/Decke (Quelle: Ingrid Kaiser)*

Fehlen gleitende Anschlüsse bzw. Bewegungsfugen, müssen sie – allerdings mit relativ hohem Aufwand – nachträglich hergestellt werden.

Bei entsprechend ungünstigen Temperatur-Bedingungen bei der Erstellung von Gipskarton-Ständerwerkswänden können zusätzlich Feuchteschäden entstehen, die zunächst nicht unbedingt erkennbar sind und erst später, im laufenden Betrieb mit Beheizung, zu Schäden wie Schimmelpilz-Bildung führen können. Werden die Wände beispielsweise in den Wintermonaten errichtet und tagsüber eine Bauheizung betrieben, können sich die Metall-Ständer in der Nacht merklich abkühlen, sodass die Luftfeuchte an den kalten Ständern kondensiert. Die ggf. bereits teilweise vorhandene Dämmung sowie die Gipskarton-Platten werden dadurch durchfeuchtet. Sind die Wände dann komplett geschlossen, kann die in der Wand enthaltene Feuchte nur noch sehr eingeschränkt nach außen abgegeben werden; es entsteht ein idealer Nährboden für Schimmel. In diesem Fall ist in der Regel das Entfernen und Ersetzen von Beplankung und Dämmung erforderlich.

Eine Alternative bieten **Gips-Wandbauplatten** als nichttragende Innenwände, die nicht verputzt werden müssen und deren Fugen nach der Wand-Herstellung lediglich verspachtelt werden. Die Fugen (Nut-und-Feder-System) werden vollflächig mit Gipskleber erstellt. Diese Bauweise wird auch als massiver Trockenbau bezeichnet.

Standardplatten haben die Abmessungen 500 x 666 mm und sind in Dicken von 60 mm (Wandhöhe max. 3,50 m), 80 mm (Wandhöhe max. 4,50 m) und 100 mm (Wandhöhe max. 7,00 m) erhältlich. Die max. Wandlänge beträgt 15,00 m. Konsollasten bis 0,4 kN/m können ohne Nachweis aufgenommen werden, bei höheren Konsollasten ist z. B. bei einem Waschbecken eine Wanddicke von min. 80 mm, bei wandhängenden WCs von min. 100 mm erforderlich.

Wände aus Gips-Wandbauplatten erreichen abhängig von der Rohdichte (Standard: 850 kg/m^3, erhöht: 1.200 kg/m^3) und der Wanddicke Schalldämm-Werte bis 68 dB. Voraussetzung ist die Schall-Entkopplung zu den flankierenden Bauteilen. Diese erfolgt über elastische Randstreifen aus Bitumenfilz, Presskork und zunehmend durch Polyethylen-Schwerschaum (PE-Schwerschaum) mit einer Rohdichte von 120 kg/m^3 und einer die Wanddicke übersteigenden Breite. Hierbei ist unbedingt darauf zu achten, dass keine Verbindung mit Spachtelmassen entsteht.

Gips gehört zu den nicht brennbaren Baustoffen der Baustoff-Klasse A1 und damit erreichen die Platten die Feuerwiderstandsklasse EI 90-RF1 bei einer Wandhöhe bis 4,00 m und EI 120 bis 3,00 m Höhe gem. DIN EN 13501. Bei entsprechenden Brandschutz-Anforderungen müssen Randstreifen aus Mineralwolle A1 mit einer Dicke ≥ 13 mm eingebaut werden. Damit sind Gips-Wandbauplatten auch für Schachtwände und die Ummantelung z. B. von Stahl-Stützen geeignet.

In durch Spritzwasser belasteten Räumen (Wasser-Einwirkungsklasse W1-I) müssen hydrophobierte Platten in Verbindung mit einer Flächenabdichtung verwendet werden, in Räumen der Wasser-Einwirkungsklassen W2-I und W3-I sollten sie nicht eingesetzt werden.

Schäden treten bei Gips-Wandbauplatten eher selten – am häufigsten durch massive Wassereinbrüche – auf. Die Festigkeit bleibt auch nach starker Durchfeuchtung, z. B. durch Löschwasser u. Ä., und anschließender technischer Trocknung in der Regel erhalten bzw. regeneriert sich wieder. Je nach Dauer des Wassereinflusses kann es jedoch zu Verformungen aufgrund von Gefüge-Veränderungen kommen, sodass die Bauteile ausgetauscht werden müssen.

Wand-Vorsatzschalen (Trockenputz)

Vor vorhandene massive Wände vorgesetzte Trockenbau-Elemente werden entweder zur Herstellung einer ebenen Oberfläche, zur Erhöhung des Schallschutzes, in Verbindung mit einer Innendämmung eingesetzt oder zur Kaschierung von Leitungen auf der Wand. Als Untergrund dienen dieselben Profile wie bei Ständerwerkswänden oder die Platten werden mit Ansetzbinder auf die vorhandene Wand aufgebracht. Auf Unterkonstruktion können sie z. B. mit folgenden Plattenarten beplankt werden:

- Gipskarton-Platten
- Gipsfaser-Platten
- Zementfaser-Platten
- Holzfaser-Platten
- Holzwolle-Leichtbauplatten
- Lehmbau-Platten

Die Unterkonstruktion aus Profilen kann direkt befestigt oder frei stehend angebracht werden. Schäden entstehen analog zu den Wand-Konstruktionen und werden entsprechend vermieden bzw. beseitigt. Auch die Gips-Wandbauplatten können als Vorsatzschale verwendet werden.

Maßnahmen zur Schadenverhütung und -beseitigung

Trockenestrich

Besonders bei Bestandsbauten wird Trockenestrich aufgrund des geringen Flächengewichts ab ca. 25 kg/m^2 gegenüber ca. 95 kg/m^2 bei herkömmlichen Estrichen bei geringen zulässigen Gebrauchslasten (z. B. bei nachträglichem Dachgeschoss-Ausbau) eingesetzt. Die geringe Aufbauhöhe ab ca. 2 cm macht den Einsatz auch bei geringeren Raumhöhen möglich. Auch bei Neubauten mit engen Terminplänen bieten der Wegfall der Trocknungszeiten und damit die sofortige Begehbarkeit Vorteile, ebenso sinnvoll ist der Einsatz bei Holzbauten. Ein weiterer Pluspunkt ist, dass kaum Baufeuchte in das Gebäude eingebracht wird.

Für Böden werden nach der Nutzungsart folgende Anwendungsbereiche unterschieden:

- Anwendungsbereich 1
  - Räume und Flure in Wohngebäuden, Hotelzimmern, inkl. zugehöriger Küchen und Bäder
- Anwendungsbereich 2
  - Flure in Bürogebäuden, Büroflächen, Arztpraxen ohne schweres Gerät, Stationsräume, Aufenthaltsräume einschl. der Flure
  - Flächen von Verkaufsräumen bis 50 m^2 Grundfläche in Wohn-, Büro- und vergleichbaren Gebäuden

- Anwendungsbereich 3
  - Flure und Küchen in Hotels und Altenheimen ohne schweres Gerät, Flure in Internaten usw.; Behandlungsräume in Krankenhäusern einschl. Operationsräume ohne schweres Gerät; Kellerräume in Wohngebäuden
  - Flächen mit Tischen, z. B. Schulräume, Cafés, Restaurants, Speisesäle, Lesesäle, Empfangsräume, Kindertagesstätten, Kinderkrippen, Lehrerzimmer
- Anwendungsbereich 4
  - Flure in Krankenhäusern
  - Flächen in Kirchen, Theatern oder Kinos, Kongresssälen, Hörsälen, Wartesälen
  - Frei begehbare Flächen, z. B. Museumsflächen, Ausstellungsflächen, Eingangsbereiche in öffentlichen Gebäuden und Hotels
  - Flächen für große Menschenansammlungen, z. B. in Gebäuden wie Konzertsälen
  - Flächen in Einzelhandelsgeschäften und Warenhäusern

Bei ebenen Untergründen kann eine Gipsfaserplatte direkt aufgebracht werden (Anwendungsbereiche 1 bis 3 und 4 [min. 25 mm Dicke],) bei Anforderungen an den Trittschall- und/oder Wärmeschutz auf zuvor verlegtem Polystyrol-Hartschaum (Anwendungsbereiche 1 bis 3), auf Holzfaser-Platte (Anwendungsbereiche 1 bis 4) oder Mineralwolle-Platte (Anwendungsbereich 1).

Bei geringeren Unebenheiten können zunächst Nivellier-Materialien (Leichtausgleich-Mörtel) aufgebracht werden. Bei größeren Unebenheiten oder Höhenunterschieden werden Ausgleichsschüttungen eingesetzt.

Bei Massivdecken mit Restfeuchte muss vor dem Einbau des Trockenestrichs eine PE-Folie mit min. 20 cm Überlappung verlegt werden; bei Bodenplatten gegen Erdreich ist die Überprüfung und ggf. Herstellung der Abdichtung gem. DIN 18533 erforderlich. Auf die Folien und Abdichtungen darf keine Nivellier-Masse aufgebracht werden! Bei Holzbalken-Decken ist auf die Tragfähigkeit und einen nichtfedernden Untergrund zu achten.

Ausgleichsschüttungen müssen min. 2 cm und max. 10 cm stark sein; ab 5 cm Dicke werden sie zusätzlich verdichtet. Befinden sich auf der Decke Rohrleitungen, müssen sie min. 1 cm dick überdeckt sein. Insgesamt dürfen keine Hohlräume entstehen. Die Schüttungen bestehen aus feinkörnigen Granulaten, z. B. Porenbeton-Granulat. Nach dem Abziehen der Schüttung darf sie nicht mehr begangen werden. Zum Schutz bei der weiteren Verlegung werden Gipskarton- oder Gipsfaser-Platten als Laufwege verlegt.

In genutzten und damit beheizten Kellergeschossen oder bei nicht unterkellerten Gebäuden hat sich eine Schüttung aus Schaum-Glas bewährt. Sie ist resistent gegen Feuchte und Ungeziefer und kann daher z. B. auch auf gestampftem (Lehm-)Boden eingesetzt werden. Die Schüttung wird auf Folie aufgebracht und verdichtet.

***Bild 29:** Schaumglas-Schüttung auf Lehmboden (Quelle: Ingrid Kaiser)*

Bei größeren Höhenunterschieden werden gebundene Schüttungen, z. B. aus Schaumkunststoff vor dem Verdichten als Bindemittel (in der Regel Zement), verwendet. Zur besseren Haftung kann zunächst auf den tragfähigen, sauberen und trockenen Untergrund ein Tiefengrund aufgetragen werden. Die Schüttung wird vor Ort angemischt und ist nach ca. sechs Stunden begehbar und nach ca. 24 Stunden belegbar sowie belastbarer als lose Schüttungen.

Ist der Untergrund nicht fugenfrei, muss ein Rieselschutz verlegt werden, da ansonsten die Schüttung nach unten hinabfallen kann, sodass Hohlräume in der Schüttung entstehen. Hierdurch entstehen Durchbiegungen der darüberliegenden Schichten inkl. Bodenbeläge, die zu „Dellen“ bzw. Rissen und Brüchen führen.

Wie bei den klassischen Estrichen ist ein Randstreifen zu verlegen, der bis über die Höhe des zu verlegenden Bodenbelags reicht und erst nach dessen Verlegung abgeschnitten wird. Andernfalls ist der Schallschutz nicht gewährleistet.

2.3.11 Behandlung von Schäden an Bodenbelägen

Bauteile der Kostengruppe 353

Allgemeine Anforderungen und Schadensursachen

Häufigste Ursachen für Schäden an Bodenbelägen sind Mängel am Untergrund, insbesondere Feuchte von mineralischem wie Estrich (Belegreife). Auch wenn in allen die Verlegung von Bodenbelägen betreffenden Allgemeinen Technischen Vertragsbedingungen (ATV, VOB/C) diese Bedingung als Grund zur Bedenken-Anmeldung aufgelistet ist, werden dennoch die erforderlichen Trocknungszeiten z. B. aufgrund von Zeitstörungen im Bauablauf häufig nicht eingehalten. Bodenleger haben die Pflicht, den Feuchtegehalt des Untergrunds – auch eines nicht neu verlegten! – zu prüfen und durch Prüfprotokolle zu dokumentieren; empfehlenswert ist das Abzeichnen der Protokolle durch die örtliche Bauleitung oder den Auftraggeber.

Die zerstörungsfreie Prüfung der Belegreife erfolgt mit elektrischen Verfahren, die auf Messung der Leitfähigkeit, die bei höheren Wassergehalten steigt, basiert. Für die CM-Methode und die

Darrmethode müssen Estrichproben entnommen werden. Bei der CM-Methode wird der Wassergehalt nach Beimischung von Calciumcarbid durch den Druckanstieg ermittelt. Die Darrmethode wird bei Calciumsulfat-Estrichen bei einer Temperatur von 40 °C und bei Zementestrichen von 105 °C durchgeführt. Der Wassergehalt darf bei CT-Estrichen nicht mehr als 2 CM-% bzw. bei Verlegung von dampfdurchlässigen textilen Belägen oder keramischen und Steinbelägen im Dickbett nicht mehr als 3 CM-%, bei CAF-Estrichen nicht mehr als 0,5 CM-% bzw. bei dampfdurchlässigen textilen Belägen nicht mehr als 1 CM-% betragen.

Ebenso muss die Ebenheit und Festigkeit des Untergrunds vor Beginn der Verlege-Arbeiten geprüft werden. Die Oberflächen-Festigkeit lässt sich einfach mit einer Drahtbürste prüfen: sandet die Oberfläche ab, kann kein verlässlicher Verbund zwischen Estrich und Belag entstehen, sodass sich der Bodenbelag bereits nach kurzer Nutzungszeit ablöst und Blasen und Beulen bzw. Aufschüsselungen/Aufwölbungen entstehen. Ähnliche Folgeerscheinungen treten durch Unebenheit im Untergrund auf. Auch hier hat der Bodenleger die Pflicht, die Eigenschaften des Untergrunds zu prüfen und ggf. Bedenken anzumelden.

Tabelle 3: *Grenzwerte der Ebenheitsabweichungen (Auszug) (Ingrid Kaiser gem. DIN 18202)*

	Messpunktabstände [m]				
	≤ 0,1	**1,00**	**4,00**	**10,00**	**≥ 15,00**
	Grenzwerte der Stichmaße [mm]				
Estriche und Bodenbeläge	2	4	10	12	15
Estriche und Bodenbeläge mit erhöhten Anforderungen	1	3	9	12	15

Die Ebenheit kann nachträglich durch das Aufbringen einer Ausgleichmasse hergestellt werden. Bei den beschriebenen Schaden-Ursachen gibt es in der Regel keine andere Möglichkeit, als den

Bodenbelag zu entfernen, den Untergrund entsprechend instand zu setzen und einen neuen Belag zu verlegen.

Schadensbilder „Bodenbeläge“

Bild 30: *Brüche in Bodenfliesen auf nicht tragfähigem Untergrund (Quelle: Ingrid Kaiser)*

Maßnahmen zur Schadenverhütung und -beseitigung

Textile Bodenbeläge haben in Abhängigkeit von der Qualität und Nutzungsintensität die geringste Lebensdauer der Belagsarten. Zudem sind sie nur eingeschränkt durch Reinigungs- und Pflege-Maßnahmen instand zu halten, z. B. durch partielle Fleck-Entfernung. Somit entstehen die Schäden vorrangig durch die Nutzung.

Bild 31: *Abnutzung eines textilen Bodenbelags durch falsche Stuhlrollen (Quelle: Ingrid Kaiser)*

Bei der Verlegung von elastischen Bodenbelägen soll der Abstand der Bahnen bzw. Fliesen ca. 0,5 mm (nicht normiert!) betragen, bevor sie verschweißt werden. Ist der Abstand größer, entstehen Abrisse an den Nähten, da Spannungen in der Fuge nicht ausreichend aufgenommen werden können.

PVC-Beläge (Design-Beläge, LVT = luxury vinyl tile) werden in der Regel, nach Aufbringen einer ca. 3 mm dicken mineralischen Spachtelmasse, direkt auf Dispersionsklebstoffen (Nassbett-Klebstoffen) verlegt. Wird die Spachtelung und/oder Klebmasse nicht ordnungsgemäß bzw. in ausreichender Dicke aufgebracht, kommt es zu Unebenheiten (Kellenschlägen) und Beulen/Blasen, die den Auftraggeber berechtigen, den Boden entfernen und neu verlegen zu lassen.

Holz ist generell empfindlich gegenüber Feuchtigkeit, Versiegelungen bestehen aus ein-, zwei- oder dreikomponentigen Acrylaten, bei mehreren Komponenten zusätzlich aus Härtern und ggf. UV-Schutz. Versiegelungen machen den Boden relativ unempfindlich gegenüber mechanischen Beschädigungen wie Kratzern o. Ä. Zunehmend wird auf die chemische Oberflächenbehandlung verzichtet und die Holzbeläge werden geölt und gewachst, wodurch die Oberfläche in der Regel weniger resistent gegen Feuchtigkeit und Abnutzung ist. Holzböden werden unterteilt in: **Parkett, Dielen und Holzpflaster**. Schäden entstehen hierbei nicht nur durch fehlende Belegreife des Untergrunds, sondern auch bei schwankender Raumtemperatur und Luftfeuchte. Dies ist besonders bei (längeren) Leerständen zu beachten, wenn bspw. Heizung und/oder Klimatisierung reduziert werden.

Bei nichttextilen Bodenbelägen reichen häufig bestimmte Reinigungsarten häufig aus, um Abnutzungsspuren zu beseitigen.

Elastische Böden wie **PVC-, Elastomer- und Linoleum-Beläge** sind in der Regel mit einer Beschichtung als Oberflächenschutz versehen. Während PVC und Elastomere aus künstlichen Materialien bestehen, ist Linoleum ein Naturprodukt aus Leinöl, Harzen und Holzmehl auf einer Trägerschicht aus Jute. Dadurch ist Linoleum im Gegensatz zu den anderen elastischen Belägen kaum alkalibeständig. Je nach Abnutzungsgrad der Beschichtung bzw. Verfärbungen, u. a. durch eingeschlossene Verschmutzungen oder UV-Einstrahlung, muss der Belag komplett entschichtet oder durch Entfernen der obersten Beschichtung (Top-Stripping) bzw. durch eine Pflegefilm-Sanierung behandelt werden.

Natur- und Kunststeinbeläge mit poliortor, glatter Oberfläche können durch Schleifen mit der Einscheibenmaschine mit Diamantscheiben abgetragen werden, wobei Kratzer und kleinere Oberflächen-Beschädigungen beseitigt werden können. Hierbei sind mehrere Arbeitsgänge erforderlich, zunächst mit einer Diamantscheibe mit grober Körnung, dann schrittweise mit feiner werdender Körnung. Da mit den Maschinen nicht alle Stellen, z. B. an Ecken und Kanten, Schwellen usw., hinreichend bearbeitet werden können, ergänzt das Mikrosandstrahlen diese Abtragsmethode. Der entstehende Abrieb muss anschließend mit Wasser entfernt werden. Grundsätzlich handelt sich nicht um eine Reinigungs-, sondern um eine Instandsetzungsmaßnahme.

Auch die inzwischen öfter verwendeten **Sicht-Estriche**, sowohl im Wohn- als auch im Industriebereich, können auf diese Weise für ein Polieren vorbereitet werden.

Das Abschleifen von **Parkett** ist ebenfalls eine Instandsetzungsmaßnahme, bei der spezielle Parkettschleifmaschinn eingesetzt werden und das daher in der Regel von Unternehmen der Parkettleger-Branche durchgeführt wird. Hierbei wird die obere Holzschicht abgeschliffen und so Kratzer, Wasserflecken und Beschädigungen entfernt. Das rohe Holz ist sehr empfindlich gegen Feuchtigkeit und mechanische Beschädigungen, sodass unmittelbar anschließend eine Versiegelung erforderlich wird.

Generell müssen bei der Abnahme von Bodenbelag-Arbeiten dem Auftraggeber die entsprechenden Anleitungen für Reinigung und Pflege der Böden übergeben werden, um Schäden durch unsachgemäße Reinigung, die häufig irreversibel sind, zu vermeiden. Liegen diese nicht vor und/oder ist das Material des Belags nicht bekannt, können folgende einfache Tests Aufschluss geben:

- Sichtprobe

Die einfachste Methode zur Materialerkennung wird insbesondere zur Unterscheidung von Echtholz- und Laminatbelägen angewandt. Da die Maserung von Laminat fotomäßig erstellt wird, sind hier gleichmäßige Wiederholungen erkennbar; meist reicht bereits die optische Analyse von einem Quadratmeter aus, um diese Wiederholungen zu erkennen. 0 bis 2 Wiederholungen lassen darauf schließen, dass es sich um Echtholz mit seinen natürlichen Unregelmäßigkeiten handelt.

- Klangprobe

Ebenfalls zur Unterscheidung von Echtholz und Laminat kann die Klangprobe herangezogen werden. Während bei Echtholz ein dumpfer Ton entsteht, ist bei Laminat ein heller Klick-Ton hörbar.

- Brennprobe

Diese Methode wird bei textilen Fasern, besonders Bodenbelägen, angewandt, indem die Fasern entweder abgeschnitten oder mit einer Pinzette ausgezupft werden und zu einer Art Docht zusammengedreht und mit einem Feuerzeug oder einer Kerze angezündet werden. Streichhölzer mit ihrem Eigengeruch (Schwefel) verfälschen bzw. behindern die Analyse des jeweiligen Materialgeruchs beim Verbrennen. Bei nichttextilen Materialien wird eine Probe ausgestanzt.

Tabelle 4: *Brennprobenmatrix (Ingrid Kaiser)*

Material		Flammen-bildung	Reaktion auf Flammen	Geruch	Rück-stände
Natürliche Fasern					
Pflanzliche Fasern (Zellulose-fasern)	Flachs	Helle, leuchtende Flamme	Schnelles Abbrennen	Verbrann-tes Papier, Holz	Dunkel-graue Flugasche
	Baum-wolle				Feine, graue Flug-asche
Tierische Fasern (Eiweiß-fasern)	Wolle	Erlöschen außerhalb der Zünd-quelle	Langsames Abbrennen	Verbrann-te Haare, Horn	Zerreib-bare, porö-se Wulste
	Seide			Verbrann-tes Papier, Holz	Poröse schwarze Klümpchen
Synthetische Fasern					
	Polyacryl		Schmel-zend, dann brennend, Rußentwick-lung	Blausäure	
	Polyamid (PA)			Verbrann-te Haare, Horn	Glasige Schmelz-tröpfchen, gelb oder dunkel

Tabelle 4: *Brennprobenmatrix (Ingrid Kaiser)*

Material		Flammen-bildung	Reaktion auf Flammen	Geruch	Rück-stände
	Polyester (PES)		Schmelzend, dann brennend	Unspe-zifisch duftend	Feste Schmelz-tröpfchen
	Polypro-pylen (PP)	Helle, leuchtende Flamme		Harz	
	Polyvinyl-chlorid (PVC)	Grüner Flammen-rand	Schwer entzündlich	Stechend, ätzend (Ach-tung: Es entstehen Salzsäu-regas, Di-oxine und Furane!)	Verkohlen

- Kratztest und Säuretest

Natursteinbeläge sind unterschiedlich weich bzw. hart, sodass der Kratztest mit einem Messer oder einem ähnlich harten bzw. scharfen Gegenstand Aufschluss darüber gibt, ob ein Weichgestein zusätzlich mit einem Pflegemittel behandelt und damit geschützt werden sollte. Helle Kratzer (= positiver Kratztest) weisen auf einen weichen Belag hin, der nicht mit abrasiven Geräten und Reinigungsmitteln behandelt werden darf.

Zusätzlich spielt der Kalkgehalt der Natursteine eine wichtige Rolle für die Resistenz gegenüber säurehaltigen Reinigungsmitteln, wobei auch alle Betonwerksteine zu dieser Gruppe gehören. Um den Kalkgehalt zu ermitteln, wird eine saure Flüssigkeit auf den Belag geträufelt; bei kalkhaltigen und damit säureempfindlichen Natursteinbelägen bildet sich eine dünne, milchige Schaumschicht (= positiver Säuretest), die sofort wieder gründlich entfernt werden muss, um irreparable Schäden zu vermeiden.

Weiterhin können die optische Begutachtung (Maserung, Farbe usw.) sowie die häufigsten Verwendungsarten Hinweise auf die Art des Natursteins geben.

Tabelle 5: *Kratztest- und Säuretestmatrix (Ingrid Kaiser)*

Material	Positiver Kratztest	Positiver Säuretest	Aussehen	Verwendung
Basalt	-	X	Dunkelgrau bis schwarzgrau	Boden-, Treppenbeläge
Gabbro	-	-	Dunkelgrau, schwarz, grünlich, bläulich	Boden-, Treppenbeläge, Pflastersteine
Gneis	-	-	Weiß bis grün, gelblich-grau, graugrün, rötlich	Pflastersteine
Granit	-	-	Weißgrau bis graubraun, rötlich, grünlich, schwarze Sprenkel	Boden-, Treppenbeläge, Pflastersteine
Jura	X	X	Gelb bis grau, Fossilieneinschlüsse	Terrassen-, Treppenbeläge
Marmor	X	X	Vielfarbig, oft weiß	Boden-, Wandbeläge
Quarzit	-	-	Häufig hellgrau bis gelblich, vielfarbig	Boden-, Wandbeläge
Schiefer	(X) unterschiedlich	X	Grautöne, silbrig, bläulich	Wandbekleidungen
Solnhofener Plattenkalk	X	X	Beige, gelblich, rötlich, Fossilieneinschlüsse	Boden-, Wandbeläge
Travertin	X	X	Weiß, gelblich, grau, ohne Maserung	Bekleidungen

Tabelle 5: *Kratztest- und Säuretestmatrix (Ingrid Kaiser)*

Material	Positiver Kratztest	Positiver Säuretest	Aussehen	Verwendung
Holz	X			
Laminat	-			

- „Büroklammertest“

Bei den nichttextilen, elastischen Belägen kann, ähnlich der Brennprobe, die Reaktion des jeweiligen Bodens auf Wärme/Hitze Hinweise auf das Material geben. Eine verkupferte Büroklammer wird, z. B. mit einem Feuerzeug, zum Glühen gebracht und dann in den Belag eingestochen.

Tabelle 6: *Büroklammertestmatrix (Ingrid Kaiser)*

Material	Reaktion beim Einstechen	Schmelzfähigkeit	Aussehen nach Einstich	Geruch
Elastomerbeläge (Kautschuk)	Dringt kaum in die Oberfläche ein	Oberfläche schmilzt nicht	Glatte, kleine Lochbildung	Verbranntes Gummi
Linoleum	Dringt leicht in die Oberfläche ein	Oberfläche schmilzt nicht	Schwarze Verfärbung, glatte Lochbildung	Verbranntes Holz, Leinöl, Papier, Haare
Polyolefin	Dringt schwer in die Oberfläche ein	Oberfläche schmilzt	Kraterbildung am Rand, Fäden ziehend	Verbranntes Kerzenwachs
Polyurethan (PUR)	Dringt schwer in die Oberfläche ein	Oberfläche schmilzt nicht	Schwarze Verfärbung, glatte Lochbildung	Stechend
Polyvinylchlorid (PVC)	Dringt sehr leicht in die Oberfläche ein	Oberfläche schmilzt	Kraterbildung am Rand, Fäden ziehend, verkohlt, Rußentwicklung	Stechend (Chlorwasserstoffgas, Salzsäure)

- Mikroskop-Untersuchung

Betrachtet man textile Fasern unter dem Mikroskop, deuten glatte, gerichtete Fasern auf Synthetik hin, während Wolle schuppenförmige und Baumwolle bandförmige Fasern zeigen.

2.3.12 Schäden an Dachdeckungen

Bauteile der Kostengruppe 363

Grundsätze für Dachdeckungen

Während bei **Dachneigungen** bis 3° bzw. bis max. 5° (Flachdächer, siehe Kapitel 2.3.1.) Abdichtungen als Schutzschicht gegen Witterungseinflüsse und als wasserableitende Schicht verwendet werden, werden bei flach geneigten Dächern (5° bis 30°) und Steildächern (30° bis 60°, ggf. steiler) Dachdeckungen aus unterschiedlichsten Materialien, wenn erforderlich mit darunterliegenden Unterdächern, Unterdeckungen oder Unterspannungen (= zusätzliche Maßnahmen), sowie den erforderlichen Dämmschichten eingebaut.

Tabelle 7:* Tabelle 1: Dachdeckungsmaterialien in Abhängigkeit von der Dachneigung (Ingrid Kaiser)*[4]

Gruppe	Material	Neigung	
		ab (Mindestdachneigung, mit zusätzlichen Maßnahmen)	ab (Regeldachneigung empfohlen)
verfalzte Bleche	Bleche aus • Zink • Kupfer • Stahl • Aluminium	3°	5°

[4] generelle Dachneigungen, die in Abhängigkeit von der Form, Größe und Deckungsart abweichen können

Tabelle 7:* Tabelle 1: Dachdeckungsmaterialien in Abhängigkeit von der Dachneigung (Ingrid Kaiser)*[4]

Gruppe	Material	Neigung	
		ab (Mindestdachneigung, mit zusätzlichen Maßnahmen)	ab (Regeldachneigung empfohlen)
Profilierte Tafeln	Trapezblech Wellplatten aus • Faserzement • Bitumen	5°	7°
schuppenartig	• Dachziegel • (Beton-) Dachsteine	12°	22°
	• Holzschindeln • Schieferschindeln • Bitumenschindeln • Faserzement-Platten	15°	25°

Ursachen für Schäden an Dachdeckungen

Die gängigsten Dachdeckungen für geneigte Dächer sind Dachziegel und Dachsteine. **Dachziegel** werden aus Ton hergestellt, getrocknet und anschließend gebrannt. Hierdurch können kleinere Unebenheiten in der Oberfläche und geringe Abweichungen in den Abmessungen entstehen. **Beton-Dachsteine** werden aus Sand, Wasser und Zement gemischt und nach dem Schneiden in Härtekammern getrocknet, wodurch sie maßhaltiger als Ziegel sind. Ergänzend zur obenstehenden Tabelle werden für einige Formen Regeldachneigungen als Mindestmaße empfohlen: Flachziegel bis 25°, Biberschwanzziegel, Strangfalzbiber, Reform- und Doppelmulden-Falzziegel bis 30°, Mönch-und-Nonnen-Deckung bist 40°.

Grundsätzlich gilt, dass Dachdeckungen nicht wasser- nur **regensicher** sein müssen. Durch immer häufiger auftretende Starkregen-Ereignisse wie auch besondere klimatische Verhältnisse wie Schnee-Ablagerungen kann dennoch Feuchte in die darunterliegenden Bereiche eindringen und hier entsprechende Schäden verursachen.

Auch der unmittelbare Befestigungsuntergrund kann durch mangelnde Material-Qualität und oder Ausführungsfehler zu Schäden führen. Für die üblicherweise erforderliche Lattung und Konterlattung müssen entsprechende Hölzer ohne durchgehende Äste, trockenes Holz und mit einem Nennquerschnitt ≥ 30/50 mm verwendet werden.

Für die Wahl der Dachneigung ist zusätzlich zum vorgesehenen Deckungsmaterial die örtliche Witterungssituation ausschlaggebend: Bei reichlichen Schneefällen empfiehlt sich eine steilere Neigung, die wiederum in windreichen Gegenden höheren Belastungen durch Windlasten ausgesetzt sind. Während sich die Schneelasten vorwiegend auf die Dachkonstruktion, also die tragenden Dachteile auswirken, werden durch die Windlasten, insbesondere den Windsog, im Extremfall die kompletten Dachdeckungen abgehoben.

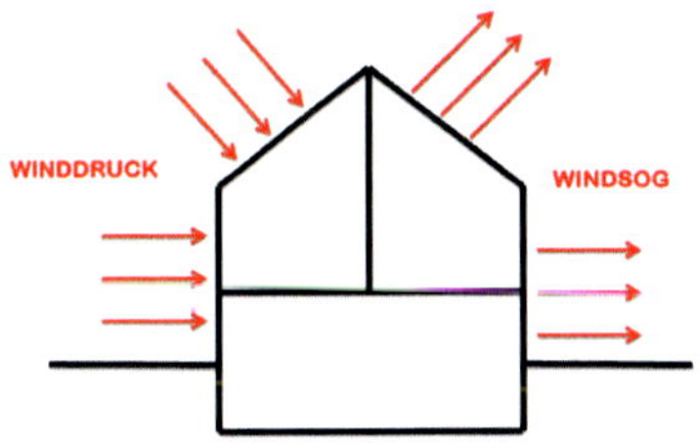

***Bild 32:** Windlasten auf Gebäude (Quelle: Ingrid Kaiser)*

Maßnahmen zur Schadenverhütung und -beseitigung

Dachziegel und Dachsteine werden mit Sturmklammern gem. DIN EN 14437 „Bestimmung des Abhebewiderstandes von verlegten Dachziegeln oder Dachsteinen – Prüfverfahren für Dachsysteme“ befestigt. Der zu erwartende Windsog w – abhängig von Windzone, Gebäudehöhe, Luftdichtheit der Dachkonstruktion und

Dachneigung – muss hierbei kleiner sein als die Flächenlast der Dachdeckung und die Befestigungskraft der Klammern. Andernfalls versagen die Klammern und/oder die Dachdeckung brechen bzw. werden abgehoben.

Bild 33: *Lose liegende und defekte Dachdeckung (Quelle: Ingrid Kaiser)*

Hinweis

Lose Dachteile können kurzfristig hinabfallen und Menschen und Sachen schädigen. Hier greift die gesetzliche Verkehrssicherungspflicht (§ 823 (1), BGB) von Gebäudeeigentümern, sodass sofortiges Handeln zur Beseitigung der Gefahr erforderlich ist.

Da die unmittelbare Befestigung in der Regel an der Lattung erfolgt, müssen hierbei Hölzer mit folgenden Eigenschaften verwendet werden:

- trocken sortiert
- Einbau-Feuchte ≤ 20 %
- nicht imprägniert
- Mindest-Querschnitt (Abweichung ≤ -1 / +3 mm)
  - 30/50 mm bis 0,80 m Spannweite
  - 40/60 mm bis 1,00 m Spannweite
- min. Sortierklasse S 10 (visuelle Sortierung gem. DIN 4074-1; keine Durchfalläste, keine Schwindrisse, etc.)

Der Abstand der Lattung ist von den verwendeten Dachziegeln bzw. Dachsteinen (Abmessung und Deckbreite) abhängig.

Bild 34: *Absackung der Dachdeckung durch mangelhafte Unterkonstruktion (Quelle: Ingrid Kaiser)*

Defekte Deckungen müssen in der Regel – mindestens in Teilbereichen – entfernt und nach Beseitigung der Schadensursache neu verlegt werden.

Dachdeckungen mit **gefalzten Blechen** werden häufig aus **Titan-Zink im Doppelstehfalz-System** erstellt. Die Blechstärke beträgt 0,7 bis 3 mm, die Falzung kann per Hand erfolgen oder es werden vorgefertigte, auch konkav oder konvex gerundete (z. B. für Tonnendächer), Bleche (Scharen) mit Breiten von 0,40 bis 0,60 m und Längen von 10,00 m verwendet. Sie werden mit Haften, meist aus Edelstahl, an den Untergründen befestigt.

Wie bei allen Metallen besteht das größte Schadenpotenzial durch Korrosion. So können beispielsweise scharfe Kanten der Hafte durch Reibung die Oberfläche der Bleche zerstören. Der Kontakt von Zink mit Kupfer führt zur Kontakt-Korrosion. Durch mangelnde Wartung können sich Beschichtungen ablösen und dadurch das dann ungeschützte Material korrodieren.

Durchfeuchtungen in unterhalb des Daches befindlichen Räumen können durch unzureichende Überlappungen der einzelnen Bleche und durch Spannungen aufgrund von Maßänderungen durch Temperatur-Schwankungen entstehen.

Bei den **profilierten Deckungen** aus **Trapezblech** gelten die entsprechenden Schadensursachen und Gegenmaßnahmen.

Bild 35: *Abplatzende Beschichtung auf Trapezblech-Dach (Quelle: Ingrid Kaiser)*

Ebenfalls häufig werden **Faserzement-Wellplatten** als profilierte Dachdeckungen auf unterschiedlichen Unterkonstruktionen wie Holz-Pfetten, Profilstählen oder Stahlbeton-Trägern ausgeführt. Durch ihre Zusammensetzung aus Portlandzement, Wasser, Zuschlagstoffe und unterschiedliche Fasern, z. B. Zellulose oder Kunststoff, sind sie empfindlich gegen Witterungseinflüsse, insbesondere Hagel, Frost, große Temperaturunterschiede und dauerhafte Feuchteeinflüsse.

Hinweis

Auch wenn die Gesundheitsgefahr von Asbest spätestens in den 1980er Jahren erkannt wurde, wurde die Produktion asbesthaltiger Baustoffe erst ca. 1990 eingestellt und 1993 die Verwendung endgültig verboten. Unbekannt ist allerdings, inwieweit von da an noch vorhandene Lagerbestände eingebaut wurden. In älteren Bestandsbauten muss daher immer mit einer Asbest-Belastung gerechnet werden.

Rein optisch sind asbesthaltige Wellplatten nicht unbedingt zu erkennen, sodass eine entsprechende Analyse erforderlich ist. Solange das Asbest fest im Bauteil gebunden ist, besteht keine Gesundheitsgefahr, da die Fasern nicht in die Atemwege gelangen können. Letzteres geschieht erst durch Beschädigungen des Materials, z. B. durch Hagelschlag und/oder mechanische Einwirkungen.

Bild 36: *Wellasbestzement-Deckung mit starker Bemoosung (Quelle: Ingrid Kaiser)*

Je flacher geneigt die Dächer sind, desto eher bilden sich Ablagerungen, insbesondere Moose, auf den Dachflächen, die den Abfluss von Regenwasser behindern.

Schuppenartige Dachdeckungen folgen einem Prinzip aus der Natur und sind damit die ältesten Deckungsarten überhaupt – ca. 3.000 Jahre alt.

***Bild 37:** „Schindel-Prinzip" eines Fichten-Zapfens (Quelle: Ingrid Kaiser)*

Holzschindeln sind mit die ältesten Dachdeckungen und unterliegen wie viele Holz-Baustoffe den Einwirkungen der Witterung, sodass kontinuierliche Inspektionen erforderlich sind. Eine kontinuierliche Hinterlüftung ist notwendig, um die konstante Aufnahme von Feuchtigkeit bei längeren Niederschlagsperioden abzuführen.

Schiefer-Bedachungen unterliegen der Gefahr der Rissbildung durch Temperaturwechsel, sodass Feuchte in darunterliegende Bereiche – insbesondere Dämmungen – eindringen kann. Generell ist Schiefer jedoch wetterfest und einzelne beschädigte Schindeln können ausgetauscht werden. Die Bildung von Moosen und Algen ist im Gegensatz zu anderen Deckmaterialien wesentlich geringer.

2.3.13 Schäden an Fenster, Türen und Toren

Bauteile der Kostengruppe 334

Fenster

Als **Materialien** stehen im Wesentlichen Holz, Kunststoff und Leichtmetalle (Aluminium) zur Verfügung.

Bei Aufenthalts- und Arbeitsräumen geben die Bauordnungen der Länder bestimmte Vorgaben für die natürliche **Belichtung** der Räume. Je nach Bundesland müssen die Rohbau-Öffnungen min. 1/10 bis 1/8 der Grundfläche des Raumes betragen, damit eine ausreichende Tageslicht-Beleuchtung möglich ist.

Dienen die Fenster auch ausschließlich der **Belüftung** eines Raumes, sind die Anforderungen bei Arbeitsstätten an die Öffnungsfläche gem. Technischer Regel für Arbeitsstätten, ASR A3.6 „Lüftung", abhängig von der Raumgröße, Raumhöhe und der Personenzahl im Raum:

Tabelle 8: *Mindestöffnungsflächen von Fenstern (Ingrid Kaiser gem. ASR A3.6)*

	max. Raumtiefe t [m] bez. auf Raumhöhe h [m]	**Erforderliche Öffnungsfläche**	
		kontinuierliche Lüftung [m²/ Person]	**Stoßlüftung [m2/10 m2 Grundfläche**
einseitige Lüftung	z. B. t = 2,5 x h, $h > 4 \longrightarrow t_{max} = 10$	0,35	1,05
Querlüftung	z. B. t = 5,00 x h, $h > 4 \longrightarrow t_{max} = 20$	0,20	0,60

Dies muss besonders bei raumhohen Fenstern mit Öffnungsbegrenzung zum Ausschluss der Absturz-Gefahr berücksichtigt werden.

Die meisten Mängel und/oder daraus entstehenden Schäden sind auf einen mangelhaften Einbau der Fenster mit entsprechendem Anschluss an die umliegenden Bauteile zurückzuführen. So wie die Wärmedämm-Ebene durchgängig im Gebäude verlaufen soll, muss auch die Luftdichtheit an der Innenseite der Dämmung ununterbrochen um das gesamte Gebäude herum gewährleistet sein.

Beim Anschluss der Fenster und Türen liegt die Dichtheitsebene zum einen im Innenputz zum anderen an der Innenoberfläche des Rahmens, d. h. hier ist der luftdichte Übergang zu gewährleisten. Dichtanschlussbänder aus Polypropylen- oder Polyethylenvlies mit Spezialmembran können hierzu eingesetzt werden.

Auf den Rahmen befestigte Anputzleisten können anschließend im Laibungsbereich eingeputzt werden. Diese Anschlüsse müssen Bewegungen durch unterschiedliche thermische Ausdehnungen sowie die mechanische Belastung beim Öffnen und Schließen der Fenster aufnehmen können.

Eine weitere Anschlussmöglichkeit bieten Putzschienen, durch die eine Fuge gebildet und mit dauerelastischer Fugenmasse geschlossen wird.

Sowohl bei Außentüren als auch raumhohen Fenstern ist der untere Anschluss im Schwellenbereich ein Schwachpunkt. Insbesondere bei Haustüren wird in der Regel ein tritt- und formstabiles Schwellenprofil eingebaut, das zudem thermisch getrennt ist, um die Dämmwirkung zu gewährleisten.

Im Bereich der Dachflächen bilden zunächst Dachflächenfenster Schwachstellen. Bei Berücksichtigung der Herstellerangaben können diese durch entsprechende Bahnenverbindungen eliminiert werden.

Der Fenster- und Türen-Einbau erfordert somit eine hohe Intensität der Bauleitung/Bauüberwachung.

Es werden drei **Einbau-Ebenen** mit unterschiedlichen Funktionen unterschieden:

- Äußere Ebene – Witterungsschutz
  - Schlagregendichtheit
  - Winddichtheit
- Mittlere Ebene (Funktionsebene) – Wärme-/ Schallschutz – in der Regel Befestigungsebene
- Innere Ebene – Luftdichtheit
  - Dampfdiffusion-Bremse
  - Anschluss an Luftdichtheitsebene

Die DIN 4108 stellt Prinzip-Lösungen dar:

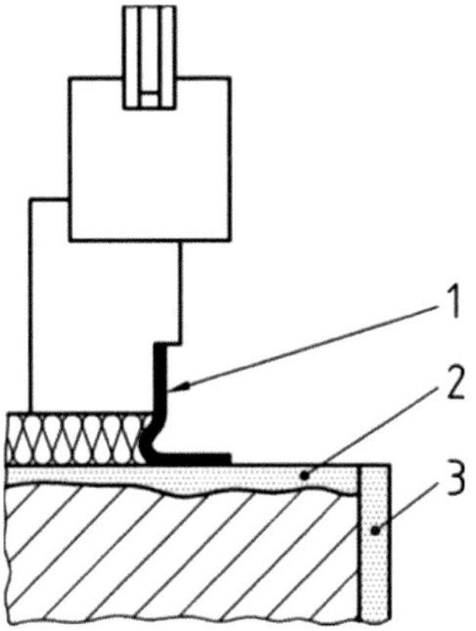

Legende

1 Klebeband
2 Glattstrich vor Fenstereinbau
3 Putz

Bild 38: *Abdichtung mit vlieskaschiertem Klebeband (Quelle: Ingrid Kaiser gem. DIN 4108-7)*

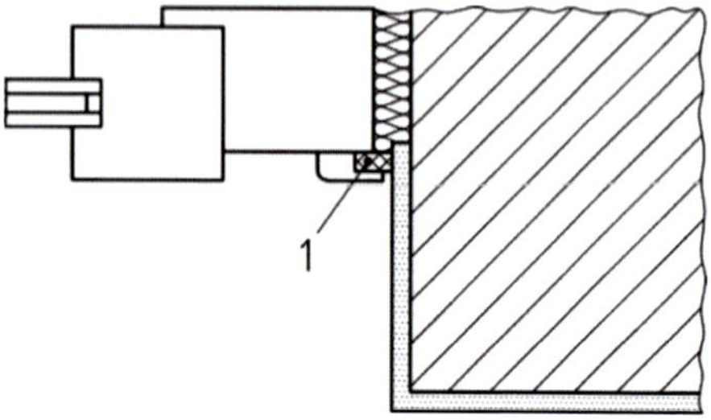

Legende

1 vorkomprimiertes Dichtband in Verleistung

Bild 39: *Abdichtung mit „Kompri-Band“ (Quelle: Ingrid Kaiser gem. DIN 4108-7)*

Nach ihrem Bewegungsvermögen und damit der zulässigen Gesamtverformung klassifiziert die DIN EN ISO 11600 **Dichtstoffe** mit niedrigem (LM) und hohem (HM) Dehnspannungswert bzw. elastische (E) und plastische (P) Stoffe.

Klasse	Zulässige Gesamtverformung (ZGV)
7,5 P	7,5 %
12,5 P	12,5 %
12,5 E	
20 LM	20 %
20 HM	
25 LM	25 %
25 HM	

Im Innenbereich, also der Luftdichtheitsebene, muss die ZGV min. 12,5 % betragen. Der Industrieverband Dichtstoffe e. V. (IVD) hat zu den unterschiedlichen Stoffen jeweils Merkblätter herausgegeben, die als Stand der Technik gelten.

Auf die Fenster und damit auf die Fugen wirken innenseitig sowohl Bewegungen der Gebäudekonstruktion, der Rahmenkonstruktion und durch Nutzung als auch die jeweilige Raumtemperatur und -feuchte ein. Diese Bewegungen und Längenänderungen müssen von den jeweiligen Dichtstoffen aufgenommen werden.

Die Fugenbreite ist von unterschiedlichen Aspekten insbesondere hinsichtlich der temperatur-bedingten Längendehnung abhängig:

- Anschlagart
- Elementlänge
- Material des Fensterprofils
- Oberflächenhelligkeit

Die Fugentiefe von innen nach außen kann überschläglich ermittelt werden und sollte min. 6 mm betragen und kann dann mit dem 0,5-fachen der Fugenbreite ermittelt werden.

Für den Innenbereich ergeben sich folgende Fugenbreiten und -dicken:

Tabelle 9: *Verhältnis Fugenbreite/Fugentiefe (Ingrid Kaiser gem. IVD-Merkblatt 9)*

<table>
<tr><th>Fugenbreite [mm]</th><th>10</th><th>15</th><th>20</th><th>25</th><th>30</th></tr>
<tr><td>Fugentiefe [mm]</td><td>8</td><td>10</td><td>12</td><td colspan="2">15</td></tr>
</table>

Detaillierter stellt das IVD-Merkblatt unter Berücksichtigung aller Einflussaspekte für die Fugenbreiten [mm] folgende Werte dar:

Tabelle 10: *Fugenbreiten (Ingrid Kaiser gem. IVD-Merkblatt 9)*

	Anschlagsart						
	stumpf				**innen**		
	Rahmenprofillänge						
Profil-material	≤ 1,5 m	≤ 2,5 m	≤ 3,5 m	≤ 4,5 m	≤ 2,5 m	≤ 3,5 m	≤ 4,5 m
PVC weiß **Holz-Metall dunkel** **Alu-Kunststoff dunkel**	10	15	20	25	10	10	15
PVC/ PMMA dunkel	15	20	25	30	10	15	20
PUR **Holz-Metall hell** **Aluminium-Kunststoff dunkel**	10	10	15	20	10	10	15
Holz	10	10	10	10	10	10	10

Spritzbare Dichtstoffe aus Silikon, Polysulfid, Polyurethan oder Acryldispersion werden auf nicht saugende Hinterfüll-Profile – üblicherweise PE-Rundschnur – aufgebracht. Da Bauwerksbewegungen nur in sehr geringem Maß aufgenommen werden können, sind an die örtliche Bausituation bestimmte Bedingungen für wirksame und mängelfreie Abdichtung gestellt.

Imprägnierte, vorkomprimierte Dichtungsbänder aus Polyurethan-Schaumstoff (Kompri-Bänder) werden in der Regel für die äußeren Fugen verwendet und in die Beanspruchungsgruppen BG1 und BG2 für den Außenbereich und BG R für die Raumseite eingeteilt. Sie können als Multifunktionsdichtbänder jedoch für alle drei Ebenen des Fensteranschlusses (siehe vorherige Abschnitte) verwendet werden. Sie werden vorkomprimiert und selbstklebend in Rollen geliefert.

Hinweis

Multifunktionsdichtbänder haben je eine Seite für die Innen- und die Außenanwendung (s. Kennzeichnung) mit unterschiedlicher Dampfdiffusionsdichte. Da die dichtere Seite innen liegen muss, ist hierauf unbedingt zu achten.

Durch die Vorkomprimierung die beim Einbau aufgeht, sind diese Dichtbänder auch für problematischere, unebene Untergründe geeignet. Dennoch sollten die Fugen von losen Stoffen gereinigt werden. Weiterhin muss die erforderliche Fugenbreite (siehe Tabelle 4) gewährleistet und gegebenenfalls hergestellt werden. Hierzu erforderliche Arbeiten – Erweiterung der Fuge oder Nacharbeiten mit Reparaturmörtel sind Besondere Leistungen und müssen zusätzlich vergütet werden.

Entsprechend der Fugenbreite inkl. Toleranzen und unter Berücksichtigung der zu erwartenden Bewegung der Bauteile, bspw. ± 1 mm, muss das entsprechende Dichtband eingesetzt werden: Fugenbreite 9 bis 11 mm mit Bewegungsanteil ergibt einen Breitenbereich von 8 bis 12 mm; geeignet ist damit z. B. ein Dichtband mit der Angabe 64/6-16.

Zur Vermeidung von Überdehnungen wird das Dichtband von unten nach oben verlegt. Dabei ist auf den optimalen Temperaturbereich von ca. +5° C bis max. +30° C zu achten, ebenso wie bei der Lagerung.

Türen

Schäden an **Innentüren**, wie Kratzer, absplitternde Beschichtungen, etc., entstehen in der Regel durch die Nutzung und das Alter der Türen. Bei Feuchte-Einflüssen, insbesondere in feuchten Kellergeschossen oder nach Baumaßnahmen mit „nassen" Baustoffen (Estrich, Putz, Mörtel), können sich Tür-Blätter aus Holz oder Holz-Werkstoffen komplett verziehen, sodass sie nicht mehr schließen. Gegebenenfalls kann dies durch Trocknung und Abwarten einer Heizperiode behoben werden, andernfalls muss das Tür-Blatt ausgetauscht werden.

Brand- und Rauchschutz-Türen, besonders in Fluchtwegen, unterliegen nur dann nicht dem Bestandsschutz, wenn sie einmal jährlich geprüft werden. Veränderungen dürfen an ihnen nicht vorgenommen werden, insbesondere das Schweißen an Bändern oder Befestigungslaschen, da die Türen damit ihre Zulassung (abZ = bauaufsichtliche Zulassung) verlieren. Dagegen dürfen bspw. Schilder oder Trittschutzplatten im unteren Türblatt-Bereich aufgeklebt oder angeschraubt werden; auch optische Spione dürfen im Einzelfall eingebaut werden. Bei entsprechenden Türen ohne Offenhalte-Vorrichtung, die im Brand-/Rauchfall automatisch schließen, führt das „Unterkeilen" zum Offenhalten nicht nur zu Gefahren im Brandfall, sondern durch die punktuelle Anhebung des Türblatts entstehen auch Schäden am Türblatt selbst und an den Bändern. Dadurch schließt die Tür nicht mehr korrekt und verliert damit ebenfalls die Zulassung.

Für **Außentüren** gelten die Anforderungen an Fenster analog. **Tore** werden wie Außentüren eingestuft und von diesen nur durch die Abmessungen abgegrenzt.

Prüfungen an Fenstern und Türen

Beschläge und Schlösser werden durch mehrfaches Betätigen auf Funktion und Gängigkeit geprüft. Abschließbare Fensterbeschläge müssen ebenso geprüft werden.

Der Anpressdruck der Fensterflügel und damit der ordnungsgemäße Einbau der Dichtungen wie auch die Bodenabsenkdichtung von Hauseingangstüren kann einfach mit einem Papierstreifen geprüft werden. Er wird bei geöffnetem Fenster/geöffneter Tür zwischen Blend- und Flügelrahmen bzw. auf die Türschwelle gelegt. Lässt sich der Papierstreifen bei geschlossenem Fenster/geschlossener Tür nicht oder nur sehr schwer herausziehen sind die Dichtungen ordnungsgemäß eingebaut.

Aufbau (Verbundsicherheitsglas (VSG), Scheibenzwischenraum (SZR) und Einscheibensicherheitsglas (ESG)) und Dicke von Verglasungen können mit einem Laser-Glasdickenmesser überprüft werden. Zur Einschätzung der energetischen Qualität ist häufig im Glas-Zwischenraum das Baujahr eingestanzt.

2.4 Besonderheiten bei erhaltenswerter Bausubstanz und im Denkmalschutz

Denkmalschutz

Der Denkmalschutz ist in Deutschland durch die entsprechenden Gesetze der Bundesländer im Rahmen ihrer Kulturhoheit geregelt. Als Baudenkmal gelten Gebäude, wenn sie eine historische, künstlerische oder städtebauliche Bedeutung haben. Das bedeutet nicht unbedingt, dass sie alt oder sogar sehr alt sein müssen. So wurden u. a. in Berlin sog. Plattenbauten (errichtet zwischen 1970 und 1990) unter Denkmalschutz gestellt. „Diese Bauten sind gewissermaßen auch eine politische Aussage der damaligen Zeit." (Zitat: Christoph Rauhut, Landeskonservator und Direktor des Landesdenkmalamts Berlin) Die meisten Bundesländer haben Denkmal-Listen, in die die jeweiligen Gebäude eingetragen werden, in einigen wird das Landeswappen mit der Beschriftung „Denkmal" am Haus angebracht.

Der Denkmalschutz kann sich auf unterschiedliche Bereiche beziehen:

- Einzelne Gebäudeteile, wie Fassaden, Treppenhäuser, Dächer etc.
- Komplette Gebäude
- Gebäude-Ensemble, d. h. räumlich und architektonisch im Zusammenhang stehende Gebäude, z. T. inkl. der zugehörigen Freiräume

Stehen Gebäude unter Denkmalschutz, müssen alle Baumaßnahmen, aber auch Instandhaltungs- und Instandsetzungsmaßnahmen mit der jeweiligen Denkmalschutz-Behörde abgestimmt werden.

Aber auch Gebäude, die nicht unter Denkmalschutz stehen, können und sollen in ihrer individuellen Bauart erhaltenswert sein. Viele Eigentümer gerade älterer Gebäude entscheiden sich dazu, das Erscheinungsbild auch z. B. bei energetischer Sanierung zu berücksichtigen. Um hierbei Schäden zu vermeiden, ist die Kenntnis alter Bauweisen unabdingbar.

2.4.1 Fachwerk-Instandsetzung

Bauteile der Kostengruppe 331

Bild 1: *Ältestes Gebäude in Rotenburg a.d.W.: Rudolf-Schäfer-Haus, Baujahr 1675 (Quelle: Ingrid Kaiser)*

Klassische Fachwerkhäuser wurden im Wesentlichen seit dem 13. bis zum 19. Jahrhundert errichtet, die Ursprünge reichen wesentlich weiter zurück. In vielen historischen Innenstädten sind hiervon beeindruckende Ensembles erhalten. Die tragende Grundkonstruktion bilden die senkrechten, durchgehenden Pfosten, waagerechten Riegel bzw. Pfetten, waagerechten Schwellen im Sockelbereich und die diagonalen Streben. Zum Schutz der Holzkonstruktion wurde der Sockel häufig aus Bruchstein- oder Feldstein-Mauerwerk erstellt, der gegenüber der Holzkonstruktion um einige Zentimeter zurücksprang, um eine Tropfkante für die Schwelle zu bilden. Die Gefache zwischen den Elementen der Holzkonstruktion wurden zunächst aus Lehm mit Strohgeflecht, in einigen Fällen auf einem Flechtwerk aus dünnen Ästen, später auch mit Mauerwerk aus Lehmsteinen oder Ziegeln, teilweise verputzt, gefüllt.

Die Holz-Tragkonstruktion wurde zunächst aus Eiche, später auch aus Fichte hergestellt. Durch die Bewitterung über teilweise lange Zeiträume sowie Schädlingsbefall kann das Holz mehr oder minder stark angegriffen sein.

***Bild 2:** Schäden an der Pfette (Quelle: Ingrid Kaiser)*

Bild 3: *Starke Schäden am Eckpfosten (Quelle: Ingrid Kaiser)*

Bild 4: *Ausgetauschter Eckpfosten (Quelle: Ingrid Kaiser)*

Die Grundschwellen und die Balkenköpfe sind im besonderen Maß der Feuchte ausgesetzt. Wenn durch nicht diffusionsoffene Anstriche versucht wurde, Nässe fernzuhalten, kann das Holz nicht trocknen und verrottet. Noch gravierender sind Anhebungen des Boden- oder Wegeniveaus bis zur Grundschwelle oder darüber hinaus. Auch fehlender Spritzwasserschutz an der Bodenschwelle führt zur Schädigung.

***Bild 5:** Balkenköpfe im Mauerwerk (Quelle: Ingrid Kaiser)*

Geschädigte Elemente können durch Austausch bzw. Ergänzung instandgesetzt werden. Verrottete Balkenköpfe werden innerhalb des Hauses abgeschnitten und durch Blattverbindungen mit neuen Balkenköpfen statisch tragend verbunden. Die vollständige Tragfähigkeit wird so wiederhergestellt, obwohl der Balken und der Balkenkopf an der Blattverbindung nur die Hälfte des ursprünglichen Querschnitts haben, weil nahe der Auflage im Wesentlichen nur vertikal wirkende Querkräfte vom Balken getragen werden. Der Balken ist für die Biegemomente dimensioniert, die in der Mitte zwischen den Auflagern wirken. Zum Auflager hin nehmen diese Biegemomente bis auf null am Auflager ab. Nahe dem Auflager sind die vom Balken aufzunehmenden Biegespannungen klein. Die durch die Querkräfte verursachten Schubspannungen sind im Verhältnis zu den Biegespannungen gering. Zusammengefasst kann im Gegensatz zu Betondecken eine Balkendecke an der Auflagerung instandgesetzt werden.

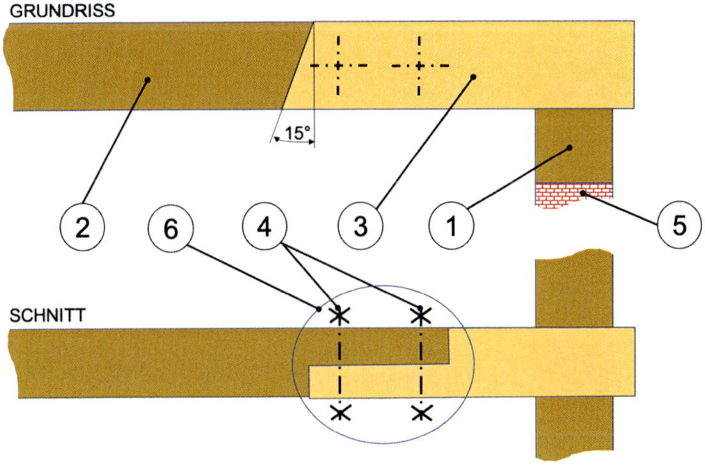

***Bild 6:** Instandsetzung von Balkenköpfen (Quelle: Dr.-Ing. Norbert Götschmann)*

Legende:
1. Wandrähm
2. Alter Deckenbalken
3. Erneuerter Balkenkopf
4. Gewindebolzen mit Stahlunterlage-Platten, Unterleg-Scheiben und Gewinde-Muttern
5. Ausfachung
6. Blattverbindung zwischen altem Deckenbalken und erneuertem Balkenkopf

Auch durch Feuchtigkeit geschädigte Bodenschwellen können unter den darauf stehenden Stielen erneuert werden. Hierbei ist darauf zu achten, dass nur stehende, d. h. keine liegenden (waagerechte) Fugen angeordnet werden, in denen sich Wasser stauen kann.

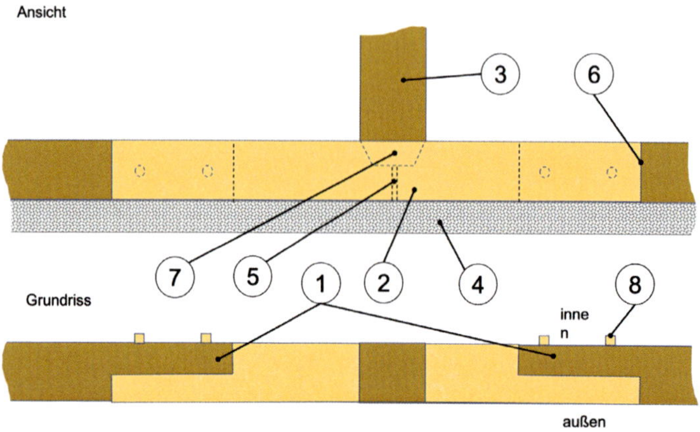

Bild 7: *Grundschwellen-Sanierung (Quelle: Dr.-Ing. Norbert Götschmann)*

Legende:
1. Alte Grundschwelle
2. Erneuerter Grundschwellenabschnitt
3. Ständer
4. Sockel
5. Wasserablaufbohrung
6. Senkrechte Trennfuge (Wasserablauf)
7. Zapfen
8. Holznagel von innen gesetzt

Müssen mehrere Teile des Fachwerks ausgetauscht werden, helfen die alten Abbund-Zeichen, die häufig noch an vorhandenem Fachwerk zu finden sind. Sie sind an die römischen Ziffern angelehnt, jedoch zur Vermeidung von Verwechslungen leicht abgewandelt. Auf dem Abbund-Platz wurden die einzelnen Bauteile 1:1 ausgelegt und überprüft. Durch die Markierungen mit den verschiedenen Zeichen entstand so ein Montageplan für die endgültige Errichtung.

***Bild 8:** Abbund-Zeichen an einem Holzbalken (Quelle: Ingrid Kaiser)*

Insbesondere bei denkmalgeschützten Fachwerk-Gebäuden ist die Kenntnis der zimmermannsmäßigen Holz-Verbindungen, die ohne die heute üblichen Stahlblech-Formteile auskommen, unabdingbar.

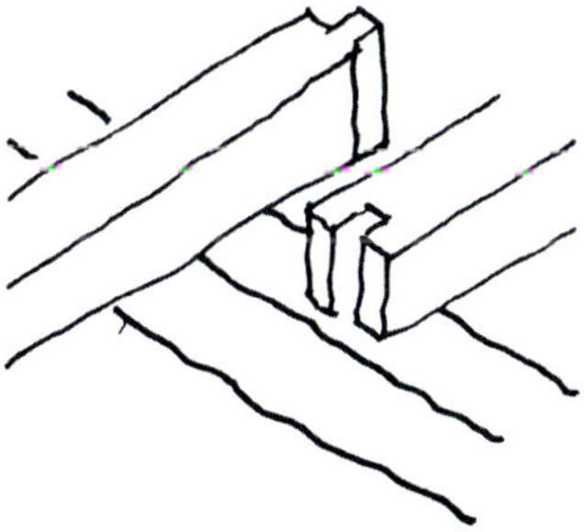

***Bild 9:** Zapfen-Verbindung (Quelle: Ingrid Kaiser)*

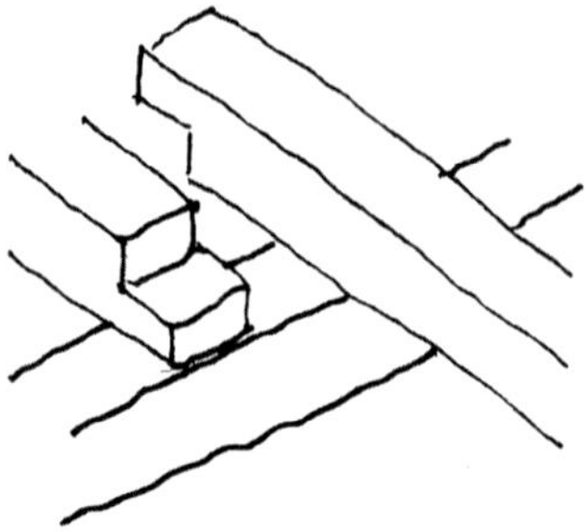

Bild 10: *Blattstoß (Quelle: Ingrid Kaiser)*

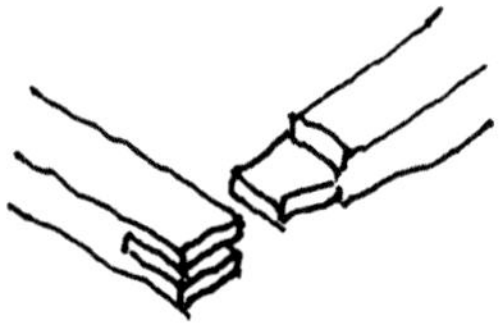

Bild 11: *Scherzapfen (Quelle: Ingrid Kaiser)*

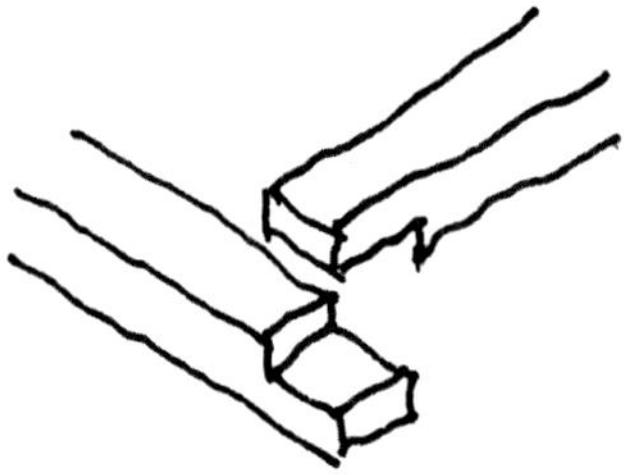

Bild 12: *Eckblatt (Quelle: Ingrid Kaiser)*

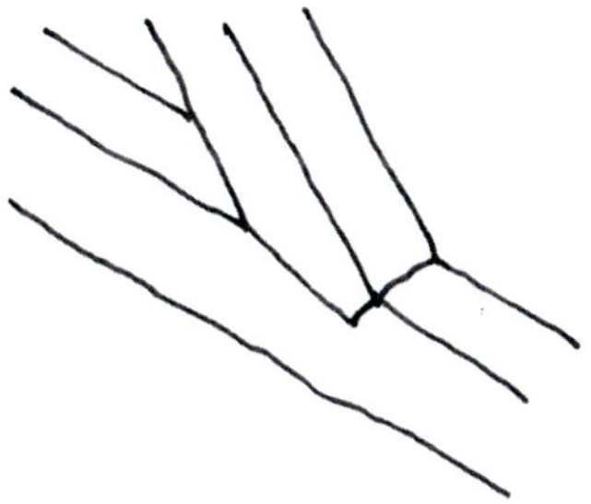

Bild 13: *Stirnversatz (Quelle: Ingrid Kaiser)*

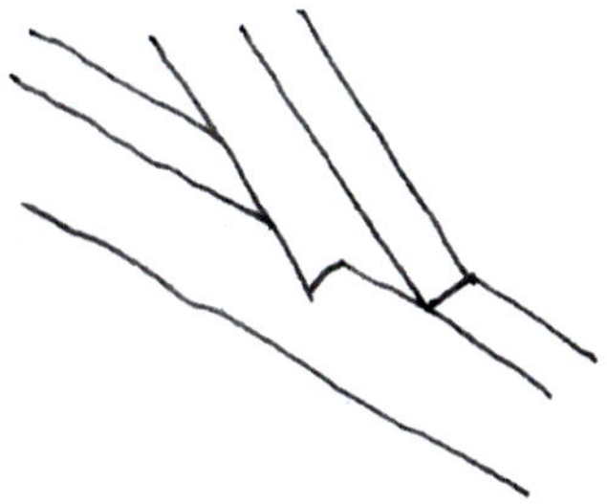

Bild 14: *Fersenversatz (Quelle: Ingrid Kaiser)*

2.4.2 Historische Fassaden

Bauteile der Kostengruppe 335

Putz und Stuck

Fassaden, insbesondere wenn sie Jahrzehnte oder sogar Jahrhunderte alt sind, unterliegen – je nach durchgeführtem Instandhaltungsaufwand – Witterungs- und Umwelt-Einflüssen. Die Instandsetzung von Schäden an Putz-Fassaden erfordert zunächst die Kenntnis alter Techniken. Da Material-Transporte über große Distanzen zum einen sehr teuer, zum anderen teilweise nicht möglich waren, orientierte sich die Baustoff-Auswahl an den örtlich verfügbaren Materialien. Als Grundstoff wurde häufig Lehm, der aus der Baugrube gewonnen wurde, verwandt; als Bindemittel dienten Kalk, Zement oder Gips, je nach Gegend und damit Verfügbarkeit. Gesteinskörnungen (damals: Zuschlagstoffe) waren ebenfalls örtlich verfügbare Sande aus Flüssen oder Gruben. Das Hinzufügen von Heu und Stroh, Holzspänen und Haaren wurde zur Bewehrung verwandt.

Häufig sind durch mangelnde Instandhaltung bei historischen Gebäuden die ursprünglichen Putze nur rudimentär und/oder geschädigt vorhanden. Unterliegen die jeweiligen Gebäude dem Denkmalschutz, wird von den jeweiligen Behörden häufig die Verwendung der ursprünglichen Materialien bis hin zu Pigmentierungen verlangt, die ggf. schwer zu beschaffen sind.

Im Folgenden sind einige Putzstrukturen nach den Haupteinsatzzeiten (die zeitliche Einordnung kann regional abweichen) dargestellt, die in folgenden Epochen oft ein Wiederaufleben erfuhren.

- Romanik (ca. 1000–1250)

Als älteste Putztechnik wurde der Putz lediglich mit Kelle oder Löffel an die Wand geworfen und nicht weiterbearbeitet, sodass die Struktur durch die Wurftechnik entstand. Später wurde der Putz nach dem Anwerfen auf eine Dicke von mindestens 1,5 cm glattgezogen und daher als Kellen-Glattstrich bezeichnet. Unter Rasa Pietra wird eine Technik verstanden, den beim Mauern herausquellenden Mauerwerksmörtel auf das Mauerwerk, meist Naturstein, zu verstreichen.

- Gotik (ca. 1250–1500)

Der Stippputz erhält seine Oberflächengestaltung durch Eindrücken von stumpfen Reisigbesen, Bürsten, Pinseln o. Ä.

- Renaissance (1500–1600)

Spritzputz (nicht zu verwechseln mit dem gleichnamigen Putz, der heute maschinell aufgebracht wird) oder -bewurf wird 2–4 mm dick auf einen abgeriebenen Unterputz aufgebracht. Beim Besenspritzputz erfolgt dies durch Eintauchen eines Reisigbesens in den Putzmörtel, der auf einen Stock geschlagen wird, sodass der Putz an die Wand spritzt. Steinputze mit sehr harten Oberflächen werden nach dem Erhärten steinmetzartig bearbeitet. Beim Sgrafitto, das in Kratztechnik erstellt wird, wird auf den Unterputz ein Kratzgrund mit lichtechten Pigmenten in mehreren Schichten von ca. 5 mm Dicke aufgebracht, bevor die obere Kratzschicht mit speziellem Sgrafittowerkzeug ausgekratzt wird. Eine weitere Putztechnik wird als Stuccolustro bezeichnet, bei der ein Kalkputz in zwei Schichten und ein pigmentierter Marmorputz als dritte Schicht aufgebracht und nach dem Erhärten mit erwärmtem Strahl geglättet und gewachst wird. Stuccolustro muss in der Regel mindestens der Qualitätsstufe Q3, meist aber Q4 entsprechen.

- Barock, Rokoko (ca. 1600–1780)

Bei Stempel- und Walzputzen werden mit Holzstempeln oder strukturierten Walzen regelmäßige Muster in den feuchten Putz eingedrückt.

- Klassizismus (ca. 1770–1840) und Historismus (ca. 1850–1900)

Die Oberfläche des sehr feinkörnigen Oberputzes, der auf den noch feuchten Unterputz aufgebracht wird, wird mit Kämmen (Kamm(zug) putz) oder Reisigbesen (Besenstrichputz) bestrichen, um die Oberfläche zu strukturieren.

Der zweilagige Schleppputz oder Kellenstechputz entsteht durch schuppenartiges Ausheben von ca. 1 cm tiefen Stellen aus dem angeworfenen und geglätteten, ca. 1 bis 1,5 cm dicken Oberputz. Wird die Kelle in den relativ steifen Oberputz eingedrückt, ergibt sich der Kellen-druckputz.

- Jugendstil (ca. 1890–1910)

Ähnlich dem Kellenwurfputz wird der Tränenputz mit der Kelle an die Wand geworfen, durch dünnflüssige Konsistenz entsteht die tropfenförmige Struktur.

Im Innenbereich sind Stuckprofile in der Regel unproblematisch, während sie im Außenbereich durch die Witterungseinflüsse stark belastet sind. Generell werden gezogene, vorgefertigte und geformte Stuckprofile unterschieden. Im Innenbereich werden meist Gipsputze, im Außenbereich Putze aus Gips, Gips-Sand, Gips-Kalk, Kalk-Gips, Kalk, Kalk-Zement oder Zement verwendet.

Sind an Fassaden Profile wie Stuckelemente, aber auch Gesimse oder Lisenen, nur teilweise ausgebrochen oder verwittert, können sie abschnittweise durch Feinzug, bei größeren Fehlstellen zunächst durch Grobzug, auf Grundierung restauriert werden. Den Abschluss auf dem Feinzug bildet eine schützende, ein- oder zweilagige hydrophobe Beschichtung. Wichtigste Voraussetzung ist auch hier die Vorbereitung des Untergrunds durch Abschlagen von losen Stellen, gründliche Reinigung und Aufrauen mit anschließendem Vornässen des Untergrunds.

Besteht keine Möglichkeit des Anarbeitens an vorhandene Profile, müssen sie komplett neu erstellt werden. Als Vorlage dienen ggf. noch vorhandene Bruchstücke oder alte Zeichnungen oder Fotos.

***Bild 15:** Instand gesetzte Putzfassade auf Basis alter Fotos am Gutshaus Niekrenz (Quelle: Ingrid Kaiser)*

Feldstein-Mauerwerk
Bauteile der Kostengruppe 331

Als Sockel und Fundamente – mit geringer Einbinde-Tiefe in das Erdreich (keine Frostsicherheit) – für Fachwerk-Gebäude wurden häufig Feldsteine verwandt, da sie in ländlichen Gegenden direkt im Umfeld zur Verfügung standen und nicht wie Ziegel, Sand- oder Kalksteine aus größeren Entfernungen beschafft werden mussten. Die Geschiebe-Mergel sind durch eiszeitliche Gletscher-Verschiebungen von Skandinavien in die nördlichen Regionen Deutschlands gelangt. Durch diese Verschiebungen sind sie in unterschiedlichen Größen größtenteils abgerundet. Häufig sind sie aus Granit, Basalt, Porphyr, Diabas u. Ä., die hart bis sehr hart mit hoher Druckfestigkeit sind. Sie treten nach der Frost-Periode im Frühjahr an die Oberfläche von Äckern und wurden/werden abgesammelt. Heute werden sie vorwiegend als niedrige Mauern zur Garten-Gestaltung verwandt.

Die Bearbeitung ist durch die Härte der Steine schwierig, auch das Mauern als Zyklopen-Mauerwerk erfordert spezifische Kenntnisse. Aufgrund der runden Form ist der Anteil des Fugen-Mörtels relativ hoch, teilweise kann erst nach dem Aushärten einiger Schichten weitergearbeitet werden. Ein weiterer Nachteil des hohen Fugen-Anteils ist das Verwittern der Fugen, sodass Feuchte eindringen kann. Bei Frost führt dies zu zusätzlichen Absprengungen des Mörtels. Für die Instandsetzung der Fugen haben sich mineralische Mörtel mit gutem Wasseraufnahme- und -abgabe-Verhalten bewährt.

Komplett mit Feldsteinen wurden häufig Nebengebäude von Hofanlagen errichtet, teilweise kombiniert mit Ziegel-Mauerwerk.

Bild 16: *Wiederaufbau/Instandsetzung und Umbau einer Feldstein-Scheune zum Wohngebäude (Quelle: Ingrid Kaiser)*

Ähnlich wie Feldstein-Mauerwerk wird Bruchstein-Mauerwerk errichtet. Bruchsteine werden i. d. R. in Steinbrüchen gewonnen. Sie sind entstanden durch die Verwitterung von Felsformationen. Der Einsatz, die Verarbeitung und Instandsetzung sind analog zum Feldstein-Mauerwerk zu betrachten.

Schiefer-Fassaden

Bauteile der Kostengruppe 335

Schiefer wird in den entsprechenden Gebieten in Deutschland im Tage- oder Tiefbau abgebaut und in dünne Platten gespalten. Verwendung fand er – wiederum aufgrund teurer Transport-Kosten – üblicherweise in den jeweiligen Regionen. Im Rheinland geht die Gewinnung und Verwendung bis auf die Römerzeit zurück. Das frostbeständige und wasserundurchlässige Material ist ebenso für die Dachdeckung geeignet. Bei geringem Instandhaltungsaufwand erreichen Schiefer-Fassaden und -Dachdeckungen Lebensdauern von über 100 Jahren.

Aufgrund der Dauerhaftigkeit sind Instandsetzungen meist nur hinsichtlich des Austauschs einzelner Schieferplatten, z. B. nach Hagel-Einwirkungen, erforderlich. Haben sich Befestigungen verschoben, sodass Feuchte in die Unterkonstruktion eindringen konnte, muss die Fassade ggf. großflächig erneuert werden. Die größte Problematik bei der Instandhaltung von Schiefer-Fassaden und -Dachdeckungen ist der Mangel an Handwerkern, die die alten Techniken beherrschen.

Bild 17: *Turm in Bruchstein-Mauerwerk und Schieferfassade, Wohnhaus (Quelle: Ingrid Kaiser)*

2.4.3 Deckenkonstruktionen

Bauteile der Kostengruppe 351

Kappen-Decken

Während Holzbalken-Decken in den Obergeschossen eingebaut wurden, kamen Kappen-Decken als Decken über dem Kellergeschoss zum Einsatz sowie in landwirtschaftlichen und gewerblichen Bauten. Als gewölbte Beton-Decken zwischen Eisenträgern kamen sie bereits vor 1900 und bis ca. 1930, als sie durch Stahlbeton-Decken ersetzt wurden, zum Einsatz. Auch mit Ziegeln oder Hohlsteinen wurden die Bögen ausgeführt.

Die Bögen wurden als scheitrechte Bögen, d. h. mit einer geringen Stichhöhe, i. M. ca. 0,10 m, zwischen Eisen- bzw. Stahlträgern errichtet. Gewölbte Massivdecken, auch Preußische Kappendecke oder Schienengewölbe genannt, sind eine gute Lösung zur Minimierung des Rohstoffverbrauchs und des Energieeinsatzes. Oft wurden alte Eisenbahnschienen (= Recycling) als Längsträger weiterverwendet, die bei der Umstellung, weg von den Schmalspurbahnen, anfielen. Eine Betonbewehrung ist zumeist nicht erforderlich, da der Beton des Gewölbes zwischen den Längsträgern auf Druck und nicht auf Zug beansprucht wird. Waagerechte Zuganker nehmen die Horizontal-Kräfte zwischen den jeweils letzten Feldern auf.

***Bild 18:** Kappendecke mit Zuganker (Quelle: Ingrid Kaiser)*

Wegen der hohen Tragfähigkeit wurde u. a. Quarzsand als Wärmedämmung verwendet, der mehrere Dezimeter hoch über dem Gewölbe, unter dem Holzfußboden, geschichtet wurde. Im trockenen Quarzsand kann Ungeziefer sich weder ansiedeln noch Gänge graben.

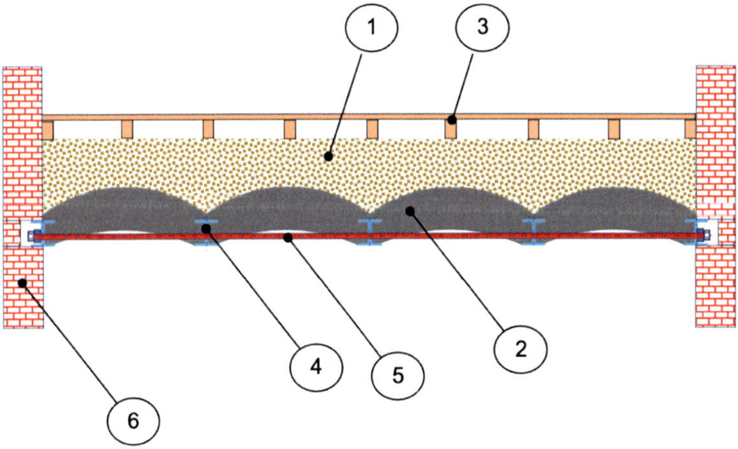

***Bild 19:** Schnittzeichnung Kappendecke (Quelle: Dr.-Ing. Norbert Götschmann)*

Legende:
1. Quarzsand
2. Gewölbe
3. Holzfußboden
4. Längsträger
5. Zuganker
6. Wand

Die Druckspannungen bewirken horizontale Kräfte quer zu den Längsträgern, die mit den Kräften der benachbarten Gewölbe im Gleichgewicht stehen. Die Kräfte des ersten und des letzten Gewölbes müssen an den Längsträgern von der Wand oder durch Zuganker aufgenommen werden. Ein Großteil der Kappendecken wurde im 19. Jahrhundert errichtet und Feuchtigkeit hat oft über mehr als ein Jahrhundert diese Zuganker erheblich durch Korrosion geschwächt.

Bild 20: *Korrosion an einem Zuganker (Quelle: Ingrid Kaiser)*

Bild 21: *Querschnittsreduzierung des Zugankers durch Korrosion und Rissbildung (Quelle: Ingrid Kaiser)*

Risse im Gewölbe deuten darauf hin, dass ein Verschieben der Längsträger quer zur Trägerachse stattfindet.

Bei der im Bild „*Querschnittsreduzierung*" gezeigten Korrosion ist der Durchmesser des Zugankers von 16 auf 11 mm verringert worden. Somit ist die noch vorhandene Querschnittsfläche weniger als die Hälfte der ursprünglichen und feine Risse sind im Gewölbe sichtbar. Zu diesem Zeitpunkt ist eine Instandsetzung durch eine alternative Aufnahme der Kräfte möglich. Verschiebungen quer zur Längsachse können wegen der großen Massen auf dem Gewölbe nicht rückgängig gemacht werden. Das Maß zwischen der Unterkante des Trägers bis zur Oberfläche der Quarzsandschüttung beträgt 0,80 m.

Eine Methode der Instandsetzung ist ein neuer Zuganker unterhalb der Längsträger, mit dem die äußeren Längsträger der äußeren Gewölbe verbunden werden, siehe Bild *„Zuganker mit Momentenwippe"*. Dieser Zuganker muss nach dem Einbau vorgespannt werden. Wegen des parallelen Versatzes der Kraftwirkungslinien der horizontalen Gewölbekräfte und der Zugkraft im Zuganker muss zusätzlich dem entstehenden Kippmoment entgegengewirkt werden. Der alte Zuganker liegt auf der Wirklinie der horizontalen Gewölbekräfte und braucht deshalb kein Momentenlager.

Das Kippmoment ergibt sich aus dem Produkt des parallelen Versatzes LV (s. Bild *„Zuganker mit Momentenwippe"*) und der Zugkraft des Zugankers F_Z. Der Zuganker mit dem Durchmesser von 16 mm kann bei einer Streckgrenze von 235 MPa 47 kN aufnehmen. Im konkreten Beispiel beträgt der Versatz der Mittelachsen 90 mm. Mit dem neuen Zuganker ergibt dies mit der maximalen Zugankerkraft ein Kippmoment von 4,3 kNm.

Je länger das Maß L_W der Momentenwippe ist, umso kleiner ist die Kraft F_W, die mit einem Anker von der Wand aufgenommen werden muss:

$$F_W = \frac{F_Z \cdot L_V}{L_W}$$

Um die vom Mauerwerk aufzunehmende Kraft F_W auf 10 % (4,7 kN) der Zugkraft des Zugankers zu reduzieren, ist eine Momentenwippe erforderlich, bei der die Länge F_W 900 mm beträgt.

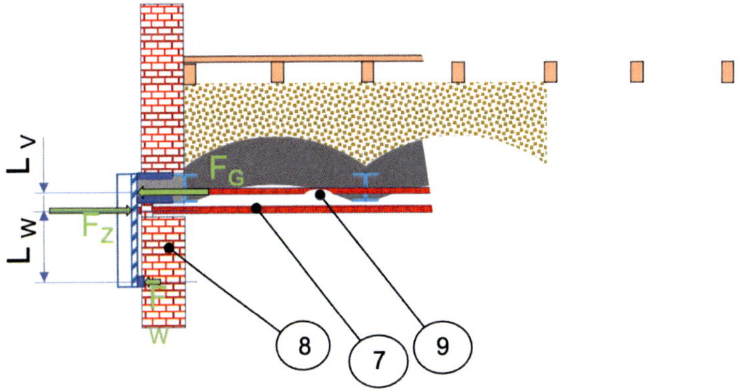

Bild 22: *Neuer Zuganker mit Momentenwippe (Quelle: Dr.-Ing. Norbert Götschmann)*

Legende:
7. Neuer Zuganker
8. Momentenwippe
9. Querschnittsverringerung durch Korrosion

Oft wurden in den Räumen unterhalb der Kappendecken (Kellergeschoss) Rüben und Kartoffeln gelagert oder es waren Viehställe. Die daraus resultierende Feuchtigkeit hat in einigen Fällen auch den tragenden Querschnitt der Untergurte der Längsträger durch Korrosion verringert. Wenn der tragende Restquerschnitt bedenklich klein ist, kann der Untergurt mit Flachstahl verstärkt werden. Zwischen dem verstärkenden Flacheisen und dem alten Längsträger müssen dabei die Schubkräfte übertragen werden, die aus der Biegebeanspruchung des Längsträgers resultieren. Die Biegespannungen des Untergurts werden im Flachstahl selbst aufgenommen. Bei dieser Instandsetzung darf die Tragfähigkeit des gewalzten Trägers nicht durch die Schweißwärme geschädigt werden. Aus diesem Grund sind Schweißnähte quer zur Walzrichtung der Bramme nicht zulässig. Schweißnähte sind ausschließlich entlang der Längsträger-Achse zulässig und erforderlich für die Übertragung der Schubkräfte.

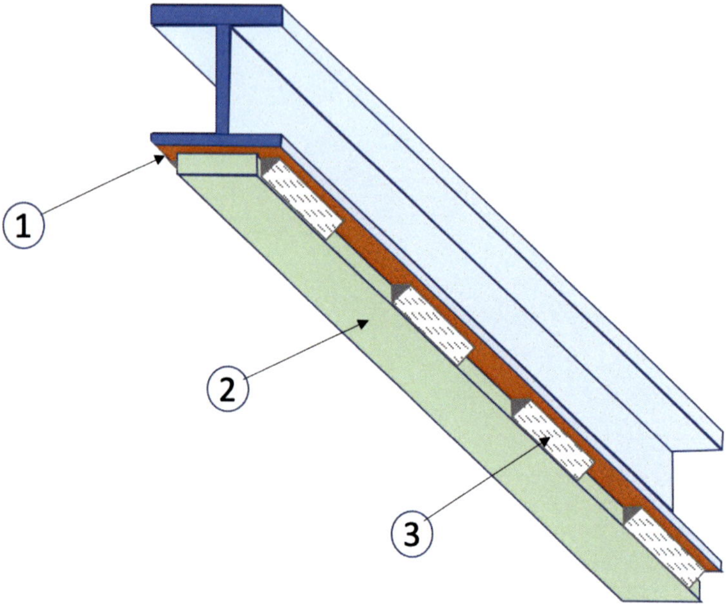

Bild 23: *Instandsetzung Untergurt (Quelle: Dr.-Ing. Norbert Götschmann)*

Legende:
1. Korrodierter Untergurt
2. Flachstahl zur Verstärkung
3. Schweißnähte (abschnittsweise) zur Aufnahme der Schubspannungen zwischen vorhandenem und neuem Untergurt

2.5 Häufige Schäden nach Baualter und Bauteilen

2.5.1 Baualtersklassen

Sowenig es eine Definition für Altbau versus Neubau gibt, sind auch Baualtersklassen nicht normiert, sodass unterschiedliche Zuordnungen existieren, z. B.:

Tabelle 1: *Gebäude-Baujahrsklassen analog Normalherstellungskosten (NHK 2020, außer Kraft)*

vor 1925	1925-1945	1946-1959	1960-1969	1970-1984	1985-1999	ab 2000

Statistisch erhobene Kennwerte liegen insbesondere hinsichtlich der Energie-Effizienz, insbesondere für Wohngebäude, seltener für Nichtwohngebäude vor.

Tabelle 2: *Baualtersklassen Gebäude gem. wirtschaftlicher Lage und Wärmeschutz-Anforderungen*

AK 1	AK 2	AK 3	AK 4	AK 5
Vor 1835	1835-1870	1871-1918	1919-1933	1934-1949
AK 6	**AK 7**	**AK 8**	**AK 9**	**AK 10**
1950-1964	1965-1976	1977-1994	1995-2001	ab 2002

Generell lassen sich dennoch verwendete Baustoffe und Baukonstruktionen grob den unterschiedlichen Baujahren zuordnen und die baujahrstypischen Schäden und deren Beseitigung beschreiben.

Während zunächst vorrangig Holz, Natursteine und Backsteine mit handwerklichen Werkzeugen verarbeitet wurden, kam mit dem Beginn der Industrialisierung Eisen und später Stahl hinzu. Die jeweils verarbeiteten Stoffe waren aufgrund langer Transportwege immer auch von den örtlichen Vorkommen abhängig. Im Weiteren traten industriell gefertigte Baustoffe in den Vordergrund, bis hin zu vorgefertigten Bauteilen zur Verkürzung der Bauzeit.

2.5.2 Gründungen und Bodenplatten

Bauteile der Kostengruppen 323 und 324

Problematisch ist in der Regel der Baugrund, sei es, dass er eine geringe Tragfähigkeit hat, sei es, dass im Laufe der Jahrzehnte oder sogar Jahrhunderte Bewegungen und/oder Veränderungen durch Anschüttungen, Nachbarbebauung etc. entstanden sind. Auch Veränderungen des Grundwasserstands, Baumwurzeln in direkter Umgebung oder Erdbewegungen wirken sich auf die Gründung aus. Baumwurzeln bspw. entziehen dem Boden Wasser, sodass es zu Schrumpfungen des Baugrunds kommen kann. Auf Bodenuntersuchungen vor der Errichtung wurde meist verzichtet, stattdessen wurden Erfahrungswerte bereits bestehender Bebauung herangezogen.

Zunächst wurden die Fundamente aus Feldsteinen oder Bruchsteinen geschichtet, teilweise ohne Verfugung bzw. Vermörtelung, später mit Ziegeln gemauert.

Bestehen Bedenken hinsichtlich der Standsicherheit des Gebäudes, z. B. aufgrund von Rissbildungen in aufgehenden Wänden, können die Fundamente verstärkt werden. Hierbei sollte die ursprüngliche Konstruktion erhalten bleiben und Verstärkungen nur ober-/unterhalb oder seitlich vorgesehen werden.

Harzinjektionen (Polyurethan o. Ä.) oder durch Bohrungen eingebrachte mineralische Stoffe, z. B. Sand, in den die Fundamente umgebenden Boden, verfestigen diesen und füllen Hohlräume, sodass eine höhere Belastbarkeit erreicht wird. Hierbei muss die Zusammensetzung des Bodens genau bekannt sein und das Setzungsverhalten kontinuierlich überwacht werden.

Seitliche Fundament-Verbreitungen, ggf. zusätzlich mit Verstärkung der Außenwände durch eine innen vorgesetzte Schale, stellen die übliche Maßnahme dar.

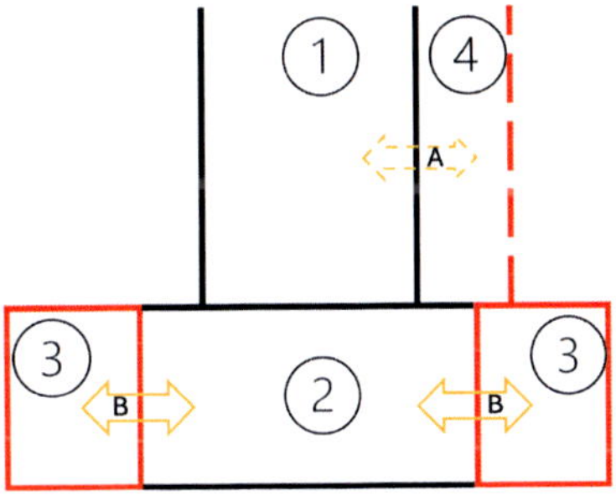

Bild 1: *Fundament-Verbreiterung in vorhandener Fundament-Ebene (Quelle: Ingrid Kaiser)*

Legende:
1 – vorhandene Wand
2 – vorhandenes Fundament
3 – Fundament-Verbreiterung (Stahlbeton)
4 – ggf. Wand-Verstärkung
A – ggf. Verzahnung vorhandene/neue Wand
B – Verzahnung + Bewehrung/(vorgespannte) Anker vorhandenes/ neues Fundament

Die neuen, verstärkenden Bauteile müssen sicher mit den vorhandenen verbunden werden. Bei der Fundamentierung ist eine ausschließliche Verzahnung nicht ausreichend. Bei höheren Lasten muss stattdessen die Verbindung mit Ankern, die hohen Lasten vorgespannt werden, hergestellt werden.

Alternativ kann das neue Fundament auch oberhalb des vorhandenen eingebaut werden.

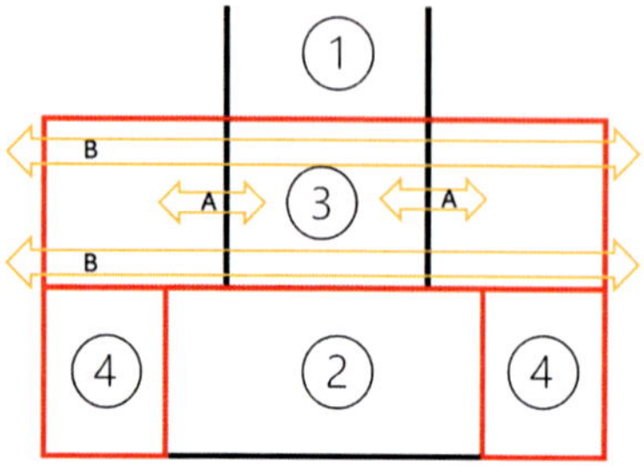

***Bild 2:** Fundament-Verstärkung über vorhandener Fundament-Ebene (Quelle: Ingrid Kaiser)*

Legende:
1 – vorhandene Wand
2 – vorhandenes Fundament
3 – Fundament-Verstärkung (Streichbalken, Stahlbeton)
4 – Fundament-Verbreiterung (Bankett, unbewehrter Beton)
A –Verzahnung vorhandene Wand / Fundament-Verstärkung
B – vorgespannte Anker durch gesamtes neues Fundament

Dieses Verfahren setzt eine ausreichende Festigkeit des vorhandenen Mauerwerks voraus, damit die Schubkräfte aus der Fundament-Verstärkung auf das Mauerwerk übertragen werden können. Die Verbindung zwischen den Banketten und der Fundamentverstärkung wird durch Einpressen einer mineralischen Schlämme gewährleistet.

Hinweis

Alle Arbeiten im Baugrund und an Fundamenten müssen – analog zu Unterfangungen gem. DIN 4123 – abschnittsweise durchgeführt werden. Die Abschnitte dürfen nicht breiter als 1,25 m sein und müssen im sog. Pilgerschritt-Verfahren durchgeführt werden. Das heißt: Nach Aushub, Unterfangung und Verfüllung mit nur geringer Verdichtung des ersten Abschnitts wird der dritte Abschnitt, nach dessen Fertigstellung der zweite, anschließend der vierte erstellt etc.

Bodenplatten wurden, besonders im ländlichen Raum, häufig aus gestampftem Lehm oder Ziegelplatten ausgebildet, im städtischen Bereich auch aus Stampfbeton. Aufgrund der Nutzung zur Lagerung von Lebensmitteln und/oder als Waschküchen wurde eine Feuchteabdichtung in der Regel vernachlässigt und die Nutzschicht lag direkt auf dem Erdreich auf. Durch Kapillarwirkung konnte die Feuchtigkeit zum einen von unten in die Kellerräume, zum anderen damit auch in den Wänden aufsteigen (siehe Kapitel 2.3.1.).

Bei Lehmböden und Ziegelplatten wird häufig das Entfernen der vorhandenen Schichten, waagerechter Abdichtung nach unten und Betonierung einer Bodenplatte mit anschließend aufgebrachtem Estrich und Nutzschicht empfohlen. Insbesondere durch die Betonage und den Einbau eines klassischen Estrichs wird jedoch einerseits umfangreiche Feuchte in das Bestandsgebäude eingebracht, zum anderen kann – abhängig vom Baugrund – durch den asymmetrischen Druckaufbau innen durch die Betonplatte gegenüber dem Druck im Außenbereich auf den Baugrund ein Kippen der Außenwand nach außen bewirkt werden.

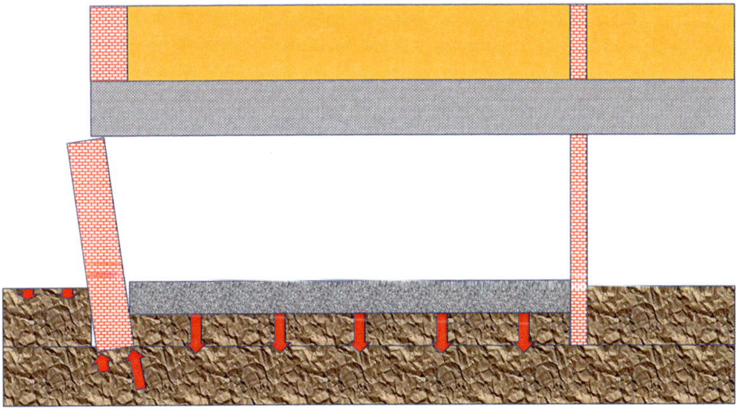

Bild 3: *Problematik des Einbringens einer Beton-Bodenplatte (Quelle: Dr. Norbert Götschmann)*

Weiterhin besteht bei Ausgraben des vorhandenen Aufbaus über mehr als 10 cm über Oberkante der Fundamente die Gefahr des Grundbruchs und damit des Einsturzes.

Eine Alternative stellt das Einbringen von Schaumglas-Schotter dar. Hierbei wird auf dem vorhandenen Boden(-Belag) eine Trennlage aus Geotextil mit 10 cm Überlappung verlegt. Die darauf aufgebrachte Schüttung aus Schaumglas-Schotter wird mit einer leichten Rüttelplatte verdichtet und dient als Untergrund für unterschiedliche Nutzschichten. Gleichzeitig wird durch die Schüttung ein Wärmedämmwert erreicht, der je nach Dicke (hierbei muss die vorhandene lichte Höhe des Geschosses berücksichtigt werden) bis zu den für Neubauten geforderten Werten erreichen kann.

Bei Stampfbetonböden kann die Nutzschicht entfernt und darauf eine Abdichtung aus Bitumen oder einer Dichtschlämme und Estrich auf Trennlage aufgebracht werden. Die Abdichtung muss mit einer Hohlkehle und mindestens 15 cm hoch an den Außenwänden hochgeführt werden. Bei ausreichender Raumhöhe kann auch hier eine Dämmung unterhalb der Nutzschicht aufgebracht werden.

Zur Erhaltung von intakter Stampfbeton-Sohle und Nutzschicht ist alternativ eine Schleier-Injektion möglich. Hierbei werden im Abstand von 30 bis 40 cm Bohrungen in die Bodenplatte gesetzt, in die entsprechende Gele injiziert werden. Unsicherheit besteht bei dieser Instandsetzung hinsichtlich der gleichmäßigen und vollständigen Verteilung der Gele unterhalb der Bodenplatte.

Alle Abdichtungsmaßnahmen an der Bodenplatte müssen immer im Zusammenhang mit den Außenwänden und deren Feuchte-Bedingungen bzw. -Abdichtungen (s. Kap. 2.3.1.) betrachtet werden.

2.5.3 Decken und Treppen

Bauteile der Kostengruppen 351 und 353

Decken

Wichtig sind zunächst die in den jeweiligen Epochen angesetzten Nutzlasten (früher: Verkehrslasten) hinsichtlich aktueller Nutzungen oder geplanter Nutzungsarten i. A. für Zwischendecken, die im Lauf der Jahrzehnte schwankten und für aktuelle Nutzungen zu berücksichtigen sind:

Tabelle 3: *Nutzlasten von Gebäudedecken*
(Ingrid Kaiser analog „Typische Baukonstruktionen von 1860 bis 1960“[1])

	Lastannahme i. M. [kN/m²][2]		
Baujahr	**Bis ca. 1900**	**Ca. 1900 - 1930**	**Ca. 1930 - 1950**
Nutzungsart			
Normale Räume/Wohnräume	1,50 bis 2,50	2,00 bis 3,50	2,00
Tanzsäle/ Versammlungsräume	2,53 bis 4,50	5,00	5,00
Schulräume	2,00 bis 2,50	3,00 bis 3,50	
Geschäftshäuser		3,50 bis 5,00	2,00
Fabriken/ Werkstätten		3,00 bis 10,00	

Weiterhin müssen die energetischen Anforderungen an Bauteile aus den jeweiligen Zeiträumen mitberücksichtigt werden, da das Gebäudeenergie-Gesetz bei Instandsetzungen ab einem bestimmten Umfang – in der Regel 10 % der Gesamtfläche – die Anpassung an die jeweiligen Anforderungen festschreibt. Darüber hinaus können durch mangelnde Wärmedämmung, u. U. in Verbindung mit Feuchte-Einflüssen, unterschiedliche Bauschäden entstehen.

Bei der obersten Geschossdecke von beheizten Geschossen gegen unbeheizten Dachraum gilt generell die gesetzliche Anforderung, einen Wärmedurchgangseffizienten (U-Wert) von max. 0,24 W/m²K bei Innentemperaturen ≥ 19°C und von max. 0,35 W/m²K bei Innentemperaturen < 19°C und ≥ 12°C, unabhängig von eventuellen Instandsetzungen. Die Forderung entfällt, wenn das Dach entspre-

[1] Auszug Band 2, Beuth Verlag, 7. Auflage, 2014
[2] Angaben abhängig vom Bundesland (regionale Bauordnungen/Bauvorschriften)

chend gedämmt ist oder andere Befreiungen, wie Denkmalschutz, Ein- und Zweifamilienhäuser, wirtschaftliche Härtefälle etc., zum Tragen kommen.

Bei Kellerdecken gilt bei Erneuerung des Fußbodenaufbaus auf der beheizten Seite ein max. U-Wert von 0,50 W/m^{2}K bei Innentemperaturen ≥ 19°C.

Bei Gebäuden mit einem Baujahr bis 1959 wurden für Decken mit zeitlich abnehmendem Umfang vorwiegend Holzbalkendecken eingebaut (siehe Kapitel 2.4.3.), für Decken über dem Kellergeschoss i. A. bis 1918. Diese können je nach Konstruktion und Abmessungen durch folgende Maßnahmen sowie die im Bestand möglichen Aufbaudicken und Wärmedämmeigenschaften der jeweiligen Maßnahmen auf den erforderlichen energetischen Standard gebracht werden:

- Erdgeschoss-Fußboden (über Keller) – i. M. 1,10–1,13 W/m^{2}K
  - Einblas-Dämmung – ca. 0,29 W/m^{2}K
  - unterseitige Dämmung – ca. 0,29–0,42 W/m^{2}K
- oberste Geschossdecke (gegen unbeheizten Dachraum) – i. M. 1,16–1,21 W/m^{2}K
  - oberseitige Dämmung – ca. 0,24 W/m^{2}K
  - oberseitige Dämmung mit Trockenstrich – ca. 0,24 W/m^{2}K

Bis ca. 1948 wurden **Kappendecken** (s. Kap. 2.4.3.) vorrangig als Kellerdecken – U-Wert ca. 0,80 bis 1,35 W/m^{2}K – verwendet. Durch die relativ großen Bereiche mit Sandschüttung oberhalb der Kappen ist hier eine Schüttdämmung eine Möglichkeit, den U-Wert auf ca. 0,49 W/m^{2}K zu reduzieren, gegeben. Hierzu ist allerdings das Aufnehmen des vorhandenen Bodenbelags – häufig Holzdielenbelag – erforderlich. Wenn dieser noch gut erhalten ist, bietet sich die unterseitige Dämmung mit biegsamen Wärme-Dämmstoffen an, die ebenfalls einen U-Wert von ca. 0,49 bis 0,28 W/m^{2}K erreichen.

Ab ca. 1949 wurden **Stahlbetondecken** zum Standard, sowohl als Kellerdecken als auch für Geschossdecken einschließlich oberster Geschossdecke, obwohl für letztere aufgrund der zimmermannsmäßigen Dachkonstruktion weiterhin Holzbalkendecken gängig waren. Da die Estrich-Beläge bis ca. 1959 weitgehend noch als Verbund-Estrich ohne Dämmung ausgeführt wurden, erreichten Decken mit Estrich U-Werte von ca. 2,03 W/m^2K bzw. ohne Estrich (bei den obersten Geschoss-Decken) von ca. 2,8 W/m^2K. Durch unterseitige Dämmung sind bei Kellerdecken Dämmwerte von ca. 0,28 bis 0,30 W/m^2K, bei obersten Geschossdecken von ca. 0,20 W/m^2K durch Aufbringen einer oberseitigen Dämmung in Verbindung mit Trockenestrich zu erreichen. Diese Werte sind analog auch für die darauffolgenden Baujahre bis in die 1970er/1980er Jahre und teilweise darüber hinaus, abhängig von der Bauweise, zu erzielen.

Schäden an Stahlbeton-Decken sind häufig auf die Korrosion der Bewehrung durch zu geringe Beton-Deckung zurückzuführen (s. Kap. 2.3.2.). Auch Alterungsprozesse, insbesondere aufgrund unzureichender Instandhaltung, führen zu zum Teil irreparablen Schäden. Parallel müssen aus Nutzungsänderungen resultierende Erhöhungen der Belastung berücksichtigt werden. Überschneiden sich die Schadensursachen, muss das Sanierungskonzept entsprechend erstellt werden. Gegebenenfalls sind Sofortmaßnahmen erforderlich.

Bild 4: *Freiliegende Bewehrung an Stahlbeton-Decke (Quelle: Ingrid Kaiser)*

Bei in den 1950er Jahren errichteten Stahlbetondecken wurde ein einfaches Drei-Stoff-Gemisch – Zement, Zuschlagstoffe (heute: Gesteinskörnungen) und Wasser – ohne weitere Zusatzstoffe verwendet. Durch die Baustoffknappheit der Nachkriegszeit und den Zeitdruck aufgrund des erforderlichen Wiederaufbaus waren Qualität und Zusammensetzung der Stoffe häufig mangelhaft, sodass zusätzliche Schäden, bis hin zu nicht ausreichender Tragfähigkeit, die Folge waren.

Als **Bodenbeläge** wurden bis in die 1940er Jahre, insbesondere auf Holzbalkendecken, Holzdielen verlegt. Viele dieser Beläge sind bis heute gut erhalten, andere können durch Abschleifen, Verfüllen von Rissen und anschließender Neubeschichtung aufgearbeitet werden.

Bild 5: *Aufgearbeiteter Dielenboden, eingebaut ca. 1930-er (Quelle: Ingrid Kaiser)*

Treppen

Auch wenn Holztreppen bis zum Ende der 1940er Jahre die am häufigsten eingebauten waren, wurden bereits vor 1918 Stahlstein- oder Stahlbetontreppen gebaut. Seltener gab es Konstruktionen aus Eisen-Werkstoffen, z. B. Guss-Eisen. Die auftretenden Schäden entsprechen denen der jeweiligen Baustoffe. Hinsichtlich des Brandschutzes forderten die Baupolizei-Ordnungen der Länder (heute: Bauordnungen) je nach Gebäudegröße und Nutzungsart schon früh nicht brennbare Baustoffe.

Auszug aus Berlin, 1853:

„... Alle Treppen eines Gebäudes müssen feuersicher gebaut, d. h. von massiven Wänden umschlossen und mindestens mit gerohrten und geputzten Decken versehen sein, ...“

Ausnahmen wurden in einigen Baupolizei-Ordnungen für (Wohn-) Gebäude geringer Höhe zugelassen. Sind heute bei einem geplanten Umbau in den Gebäuden Holztreppen vorhanden, kann es sein, dass die Bauaufsichtsbehörde eine brandschutztechnische Ertüchtigung verlangt.

Die heutige Schrittmaß-Regel für das Steigungsverhältnis $a + 2s \approx 63$ cm wurde bereits ab den 1880er Jahren von unterschiedlichen Autoren mit ähnlichen Werten angegeben. Problematisch kann es sein, wenn die Auftritte aus Holz, aber auch Beton oder mit Steinbelägen, durch die jahrzehntelange Nutzung „ausgetreten" sind. In dem Fall ist nicht nur das Begehen erschwert, es besteht u. U. auch Unfallgefahr, sodass Holzauftritte ausgetauscht und andere Materialien egalisiert werden müssen. Gegebenenfalls sind zusätzlich Maßnahmen zum Rutschschutz erforderlich.

Bild 6: *„Ausgetretene" Auftritte Treppe, Baujahr 1875 (Quelle: Ingrid Kaiser)*

Auch die Geländer und insbesondere die Auflager-Bereiche der Treppenläufe unterliegen der Abnutzung und müssen regelmäßig auf Stabilität geprüft werden.

2.5.4 Außenwände und Fassaden

Bauteile der Kostengruppen 331, 332, 335 und 337

Neben dem lange üblichen Fachwerk (s. Kap. 2.4.1.) wurden Außenwände in der zweiten Hälfte des 19. Jahrhunderts aus massivem **Ziegel-Mauerwerk** errichtet, teils mit Außenputz oder Stuck, teils als Sichtmauerwerk oder mit einer Verblend-Schicht. Die Ziegel wurden als Vollziegel oder Lochziegel hergestellt; mit Zuschlägen aus z. B. Staubkohle oder Sägemehl entstanden Ziegel mit einem höheren Poren-Anteil.

Im gleichen Zeitraum wurden bereits **Kalksand-Steine** aus Quarzsand und Kalk durch Lufttrocknung oder Dampf-Härtung mit einer Festigkeit von 14 N/mm^2 hergestellt.

Im Rahmen der Industrialisierung wurden Stoffe aus der Roheisengewinnung, wie Hochofenschlacke, verwendet. **Hütten-Steine** erreichten dabei Festigkeiten von bis zu 25 N/mm^2, **Schlacken-Steine** nur bis 5 N/mm^2, da sie leichter und poröser waren. Eine noch geringere Festigkeit bis 2 N/mm^2 hatten die **Schwemm-Steine**, die mit Naturbims, später mit Kalk, mit teilweise höheren Festigkeiten, hergestellt wurden. Aufgrund der nicht ausreichenden Festigkeit konnten nicht alle Steinarten für tragende Außenwände eingesetzt werden.

Sind die Außenwände aus dieser Epoche mit Außenputz versehen, ist dieser häufig stark beeinträchtigt und muss instandgesetzt bzw. ersetzt werden (s. Kap. 2.3.5.).

Bild 7: *Mauerwerk mit Ausbrüchen, teilweise verputze (Quelle: Ingrid Kaiser)*

Die Fugen von Sicht- bzw. Verblend-Mauerwerk sind oft teilweise ausgebrochen, auch die einzelnen Steine können Schäden aufweisen, sodass sie ersetzt werden müssen. Meist ist eine komplette Neuverfugung erforderlich. Handelt es sich nur um Teilflächen, wie auch meist bei geschädigten Mauersteinen, empfiehlt es sich, einen Teil der intakten Fassaden intensiv zu reinigen, um die Abstimmung der farblichen Gestaltung der neuen Baustoffe möglichst korrekt anpassen zu können.

***Bild 8:** Sichtmauerwerk … (Quelle: Ingrid Kaiser)*

***Bild 9:** ... instandgesetzt (Quelle: Ingrid Kaiser)*

Die U-Werte von Ziegel-Mauerwerk aus dieser Bauzeit betragen, abhängig von der Dicke und den Eigenschaften der Steine, 1,18 bis 1,71 W/m^{2}K und können mit WDVS auf U = 0,24 W/m^{2}K, mit Innendämmung auf U = 0,50 W/m^{2}K verbessert werden.

In der Zeit von 1919 bis 1969 wurde weiterhin Ziegel-Mauerwerk und zunehmend **Bimshohlblock- oder Ziegelsplitt-Mauerwerk**, weitgehend mit Außenputz, erstellt. Die Schadensbilder sind vergleichbar mit denen aus den Jahren davor, die U-Werte betragen 0,99 bis 1,40 W/m^{2}K mit einer Verbesserungsmöglichkeit mit WDVS auf 0,14 bis 0,24 W/m^{2}K.

Bei in der Nachkriegszeit errichteten bzw. wieder aufgebauten Außenwänden muss bei der Ermittlung der U-Werte berücksichtigt werden, dass sie aus „**Mischmauerwerk**", d. h. aus unterschiedlichen Steinen, die in den Trümmern zu finden bzw. neu hergestellt wurden, errichtet wurden. Dadurch lässt sich der Wärme-Durchgang in der Regel nicht einheitlich bestimmen, sodass sicherheitshalber größere Dämm-Dicken vorgesehen werden sollten.

Die in den 1970er Jahren errichteten Außenwände, ebenfalls weitgehend mit Außenputz, wurden erstmalig mit einer Außendämmung errichtet, womit bei der Verwendung von Poren-Ziegeln oder Poren-Betonsteinen U-Werte von 0,5 bis 0,7 W/m^{2}K erreicht wurden und durch WDVS auf 0,20 bis 0,22 W/m^{2}K verändert werden können.

Naturstein-Fassaden haben eine sehr lange Geschichte. Je nach Material sind sie unterschiedlicher Erosion (= „Verwitterung") unterworfen. Für Fassadenbekleidungen werden meist Dolomit, Granit, Marmor, Muschelkalk, Sandstein oder Schiefer verwendet. Die Befestigung erfolgt im Allgemeinen als vorgehängte, hinterlüftete Fassade mit entsprechender Wärmedämmung.

Naturstein

gestern ... **... heute**

Bild 10: *Naturstein-Fassaden (Quelle: Ingrid Kaiser)*

Einflüsse auf Fassaden sind neben der Witterung u. A.:

- Physikalische
  - Temperatur-Änderungen
  - Änderung des Feuchte-Gehalts
- Biologische
  - Algen (s. Kap. 2.1.1.), Pilze, Flechten
  - Fett, Ruß
  - Vogelkot, Hundeurin

Vor umfangreichen Instandsetzungen sind häufig zunächst Reinigungsmaßnahmen sinnvoll. Die Auswahl ist abhängig von den Materialien und sollte unbedingt eingehalten werden, um zusätzliche Schäden zu vermeiden.

Tabelle 4: *Eignung von Reinigungsverfahren für Fassaden (Ingrid Kaiser)*

Fassadenart Reinigungsart	**Verblend-Mauerwerk**	**Sichtbeton**	**Außenputz**	**Naturstein-(Werkstein-)Fassaden**	**Holz-Fassaden**
Mechanische Reinigungsverfahren					
Wasser-Reinigung			x	x	x
Hochdruck-Reinigung	x	x	x nicht bei WDVS und Stuck	x	x
Sandstrahlen	x	x	x nicht bei WDVS und Stuck	x	
Trockeneisstrahlen	x	x	x nicht bei WDVS und Stuck		
Laser-Reinigung	x	x	x	x	x
Chemische Reinigungsverfahren					
Säuren	x	x	x	x	
Laugen	x	x	x nur kalkhaltige	x	
organische Lösungsmittel	x	x			

3 Umgang mit Bauschäden in der Zukunft

Der Gebäude-Bestand in Deutschland ist – aus unterschiedlichen Gründen – deutlich überaltert und weist damit die in Kap. 2.5. jeweils spezifischen Mängel auf.

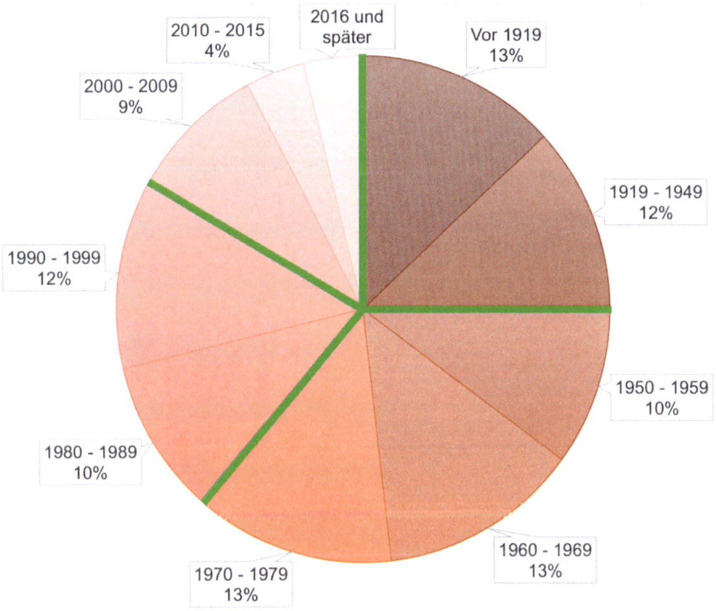

Bild 1: *Gebäudebestand nach Baujahr (Quelle: Ingrid Kaiser gem. zensus DATENBANK, Stand 23.09.2025, Statistische Ämter des Bundes und der Länder)*

Aus der Statistik lassen sich die vier Hauptgruppen ableiten, die Aufschluss über den aktuellen Zustand der Gebäude erlauben:

- vor 1919 bis 1949 – Vorkriegs-/Kriegszeit – 25 %
- 1950 bis 1979 – Nachkriegszeit und Einsatz neuer Bauweisen, z. B. Fertigteile – 36 %
- 1980 bis 1999 – Beginn der Berücksichtigung von Energie-Effizienz – 22 %
- 2000 bis nach 2016 – aktuelle Bauweisen mit zunehmendem Bedarf an Schaffung von Wohnungsbauten – 17 %

3.1 Energetischer Zustand

Aktuell wird davon ausgegangen, dass über 40 % der bestehenden Gebäude nicht dem aktuellen, erforderlichen Energie-Effizienz-Standard entsprechen. Lediglich 14 % (Baujahr ab 2016) sollten auf Basis der EnEV 2014/2026 bereits bei Errichtung den energetischen Anforderungen entsprechen.

Mangelhafte oder fehlende Dämmmaßnahmen in Verbindung mit ausreichendem Feuchteschutz führen zu massiver Beeinträchtigung der Bausubstanz, sodass die Beseitigung dieser Mängel bereits den Schutz vor zukünftigen Bauschäden gewährleistet.

3.2 Klimatische Veränderungen und Einflüsse

Die Erhöhung der Temperaturen führt zu vielfältigen weiteren Veränderungen der Witterungseinflüsse auf Gebäude und hat zum Teil gravierende Schäden zur Folge. Daher sind die Anpassung des Gebäudebestands und veränderte Bauweisen bei Neubauten zwingend erforderlich.

3.2.1 Starkregen

Der Deutsche Wetterdienst (DWD) klassifiziert drei Stufen von Starkregen:

1. 15 bis 20 l/m^2 in einer Stunde oder 20 bis 35 l/m^2 in sechs Stunden
2. 25 bis 40 l/m^2 in einer Stunde oder 35 bis 60 l/m^2 in sechs Stunden
3. $>$ 40 l/m^2 in einer Stunde oder $>$ 60 l/m^2 in sechs Stunden

Da die kommunalen Abwassersysteme in der Regel hierfür nicht ausgelegt sind, kommt es zu Überflutungen, die sich massiv auf die Gebäude auswirken (z. B. Kellerüberflutungen). Daher sind entsprechende Retentionsflächen erforderlich, die das Wasser speichern und so die Kanalisation entlasten. Hierbei ist die Wasserdurchlässigkeit des Bodens zu berücksichtigen, sodass die Versickerung ggf. über Mulden, Rigolen oder Rückhaltebecken erfolgen muss. Dabei sollten gleichzeitig möglichst wenige Außenflächen versiegelt werden. Auch Dachbegrünungen verzögern durch die Versickerungszeit die Einleitung in die Kanalisation.

Gleichzeitig muss der Feuchteschutz der Gebäudehülle besonders sorgfältig ausgeführt und regelmäßig überprüft werden. In jedem Fall ist das Herstellen einer vom Gebäude abfallenden Geländeoberfläche erforderlich, ggfs. unterstützt von Bodenschwellen, die den Wasserzufluss verhindern. Bei starker Gefährdung können auch temporäre Barrieresysteme eingesetzt werden.

3.2.2 Stürme

Auch hier legt der DWD drei Stufen für „Wind mit großer Heftigkeit" fest:

1. Windstärke[1] 9 – 75 bis 88 km/h – Sturm
2. Windstärke 10 – 89 bis 102 km/h – schwerer Sturm
3. Windstärke 11 – 103 bis 117 km/h – orkanartiger Sturm

Betroffen sind in erster Linie Dächer bzw. Dachdeckungen (s. Kap. 2.3.12) und Fassadenbekleidungen. Besonders in windreichen Gegenden, in der Regel in Küstennähe, müssen die Befestigungen entsprechend angepasst werden, ggfs. über die Anforderungen der entsprechenden Normen hinaus. Regelmäßige Überprüfungen, insbesondere nach Sturmereignissen, sichern die Bauteile zusätzlich.

3.2.3 Hitze-Perioden

Mit den ansteigenden Temperaturen gehen länger andauernde Zeiten mit starker Hitze und Dürre auf. Der DWD spricht ab 32 °C von einer starken Wärmebelastung, ab 38 °C von einer extremen Wärmebelastung. Die hohen Temperaturen wirken sich zum einen auf Bauteiloberflächen durch Austrocknung bis zum Bruch aus, zum anderen steigen in den Innenräumen die Temperaturen entsprechend an, sodass entsprechende Verschattungen erforderlich werden.

---

[1] nach Beaufort-Skala

Da dunkle Oberflächen der Gebäudehülle die Einstrahlung nur wenig reflektieren, sollten möglichst helle Farben gewählt werden. Indikator ist hier der Hell(igkeits)bezugswert (HBW). Je höher er ist (max. 100 = absolut weiß), desto besser ist die Reflektion. Er muss min. 20 betragen, besser sind entsprechend Werte zwischen 60 und 70 oder höher. Verunreinigungen der Fassade (s. Kap. 2.5.4.) beeinträchtigen diesen Wert um ca. 5.

3.3 Alternative Bauweisen

Gerade durch das Bauwesen werden durch mineralische Baustoffe, z. B. Beton, und Stahl sowie Zement hohe CO_2-Emissionen erzeugt. Beispielsweise bewirkt eine Holz-Hybrid-Konstruktion lediglich ca. 20 % des CO_2-Äquivalents gegenüber einer klassischen Beton-Tragkonstruktion.

3.3.1 Verwendung nachwachsender Rohstoffe

Durch den Einsatz natürlicher Baustoffe wird einerseits die Umwelt-Verträglichkeit verbessert, andererseits entstehen hieraus neue Quellen von Bauschäden.

Neben Holz-Konstruktionen und Holz-Werkstoffen werden auch zunehmend Lehm-Baustoffe, vorwiegend bei Fachwerk-Bauten, aber auch im Ausbau, z. B. als Wandputze, eingesetzt. Ein eindeutiger Vorteil ist die Schaffung eines guten Raumklimas durch Feuchte- und Wärmespeicherung und ein guter Brandschutz. Allerdings ist im Außenbereich der Witterungsschutz zu berücksichtigen. Bei Fassaden ist dies in der Regel durch größere Dachüberstände bedingt möglich. Schlagregen und Spritzwasser führen zu Auswaschungen und bei Frost zu Abplatzungen, sodass entsprechende Beschichtungen erforderlich sind und die Außenwände bereits während der Erstellung geschützt werden müssen.

Auch der Strohballenbau bzw. die -dämmung werden immer wieder propagiert. Kritisch ist hier allerdings der Brandschutz.

Weitere – alte und neue – natürliche und nachwachsende Baustoffe werden in Zukunft weiter in den Fokus rücken und hinsichtlich ihres Schadenspotenzials geprüft werden (müssen).

3.3.2 Wiederverwendung vorhandener Materialien

Kreislaufwirtschaft ist nicht nur in der Abfallbehandlung ein wiederkehrender Begriff, sondern auch beim Rückbau von Gebäuden. Beim Gebäudebestand kann sich durchaus herausstellen, dass eine Instandsetzung aufgrund des Gesamtzustands nicht wirtschaftlich ist, wobei die verwendeten Baustoffe durchaus Ressourcen für neue Gebäude bilden können. Das Recycling hat sich inzwischen in vielen Bereichen etabliert, z. B. die Zerkleinerung von Beton und Weiternutzung in Tragschichten für den Straßenbau oder Recycling-Gesteinskörnung für neue Betone. Bei Letzteren darf der Anteil gem. DIN EN 12620 jedoch je nach Expositionsklasse max. 45 Vol.-% der gesamten Gesteinskörnung betragen.

Mauersteine von zurückgebauten Gebäuden können ebenfalls wieder verwendet werden, insbesondere in anderen historischen Gebäuden. Hierbei sollten folgende Eigenschaften[1] der Steine nicht unterschritten werden:

- Druckfestigkeit - $\geq 10\ N/mm^2$
- Scherbenrohdichte – $> 1{,}86\ g/cm^3$
- Wasseraufnahme - ≤ 16 M-%

[1] Quelle: S. Freytag, Schadensmechanismen an historischem Ziegelmaterial, 1998

Bild 1: *Wiederverwendete Ziegel für eine Innenstütze aus Abbruch für größere Fensteröffnungen (Quelle: Ingrid Kaiser)*

Da die Baustoffeigenschaften der rückgebauten Materialien in der Regel nicht bekannt sind, müssen sie in Baustofflaboren geprüft werden, um die Standsicherheit der neuen Bauteile zu gewährleisten. Andernfalls ist mit teilweise massiven Bauschäden zu rechnen.

Stichwortverzeichnis